JULIETT U461

Maritim Museum Peenemünde

2. überarbeitete Auflage
ISBN 3-00-005694-7

Konzeption, Gestaltung, Satz | Elch Graphics, Berlin
Texte | Olaf Pestow
Fotografien | Jens Storkan
Litho | Elch Graphics, Berlin
Druck | Druckerei Conrad, Berlin
Umschlag | Cawi Gravuren, München | Tesch, Berlin
Buchbinderei | Kühl, Berlin

Inhaltsverzeichnis

Das russische JULIETT[1] U-Boot U-461[2] – Projekt 651 in Peenemünde

Russische Typbezeichnung:

ПЛКР – ПОДВОДНАЯ ЛОДКА С КРЫЛЯТИМИ РАКЕТАМИ, ДИЗЕЛЬНАЯ

Russische Projektnummer:

651

Russischer Projektname:

ohne

Russisches Taktisches Zeichen für SSG[3]:

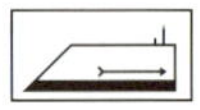

Deutsche Übersetzung:

U-Boot, dieselgetrieben, mit Flügelraketen

NATO-Designation:

SSG – submarine, guided missile

NATO-Klassenbezeichnung:

JULIETT

1 Die NATO hat in ihrem Bezeichnungssystem für sowjetische U-Boote die Buchstaben des internationalen Alphabetes verwendet. Für das Projekt 651 wurde der Buchstabe ›J‹ (JULIETT) gewählt. Da im Allgemeinen die UdSSR-Bezeichnungen nicht bekannt waren, bediente man sich dieses Systems. Die Reihenfolge der Buchstaben entspricht aber nicht der Abfolge der U-Bootsklassen. Bekannte Bezeichnungen in diesem System sind u.a. die Jagd-U-Boote der ALPHA-Klasse und die MIKE-Klasse (›KOMSOMOLETS‹ – Katastrophe am 07. April 1989 im Nordmeer).

2 Die Buchstabenkennung ›U‹ ist die landläufige deutsche Bezeichnung von militärischen Unterwasserfahrzeugen. Diese hat mit dem in der sowjetischen Seekriegsflotte verwendeten System nichts zu tun. Da die in mehreren Ländern verteilten Museums-U-Boote der ehem. UdSSR mit ›U‹ benannt wurden, ist diese Bezeichnung hier beibehalten worden.

3 Siehe auch Verzeichnis der verwendeten Abkürzungen auf Seite 110.

Vorwort

Seit die Menschheit bestrebt ist ihr Leben zu erleichtern und zu verbessern, ist ihr Streben darauf gerichtet in die Geheimnisse der sie umgebenden Natur einzudringen, ihre Gesetze zu beherrschen und sie zu nutzen. Fliegen wie ein Vogel, schwimmen wie ein Fisch.

Solche Träume waren seit der Entwicklung der Menschheit in allen zeitgeschichtlichen Stufen die aktive Grundlage für den Drang mehr zu wissen, mehr zu forschen und dadurch auch mehr zu erkennen. Viele der Jahrtausend alten Träume wurde in den letzten Jahrhunderten dadurch umgesetzt. Heute dringt der Mensch in fast alle Lebensräume der anderen Gattungen unserer Erde zu Lande, zu Wasser und in der Luft ein. »Die Wissenschaft stellt das wirksamste und ausgiebigste Mittel dar, unsere Existenz zu erhalten und sie zu steigern« so der deutsche Chemiker W. Oswald.

Alle diese, seine schöpferische Kraft benutzt der Mensch hingegen aber auch um sich gegenüber »anderen Gattungen«, bestenfalls auch gegen seine eigene, durch Macht und Übermacht durchzusetzen. Erfindungen und bahnbrechende Neuerungen wurden und werden vor allem zuerst im Militär erprobt, dort verwendet und Jahre später kommen einigen von ihnen dann der Menschheit zugute. Hierzu gehören z.B. der Kugelschreiber oder auch das Internet.

Der Hai mit seinem gefürchteten »Unsichtbaren Unterwasser-Überraschungsangriff« wurde ebenfallsdurch das Militär kopiert. Soweit bekannt wurde bereits 1465 durch den Nürnberger Kriegsbaumeister Kyeser ein Tauchboot entworfen. Es sollten danach noch 226 Jahre vergehen bis 1691 der französische Physiker Denis Papin im Auftrage des Landgrafen Karl von Hessen zu Kriegszwecken ein Boot tatsächlich konstruierte und herstellte, welches 1692 auch in der Fulda tauchte und auch wieder an die Oberfläche zurück kam.
Richtig in Gang kam die U-Boot Kriegsindustrie in den frühen Jahren des 19. Jahrhunderts. 1851 wurde dann der Brandtaucher, eines der ersten funktionsfähigen U-Boote, durch den bayrischen Artillerie-Unteroffizier und Autodidakten Wilhelm Bauer im Auftrag des schleswig-holsteinischen Oberbefehlshaber General von Willisen fertiggestellt und getestet. Um 1900 war der Mensch dann endgültig in der Lage, aus und in die Unterwassersphäre aktiv einzugreifen. Seit dieser Zeit hat es zwar im Namen der Militärs erhebliche Weiterentwicklungen, was Einsatzweiten, Tauchoperationszeiten und die zerstörerische Kraft der U-Boote betrifft gegeben. Im Großen und Ganzen muß aber eingeschätzt werden, dass die U-Boote in Bezug auf Erreichung von Tauchtiefen mit wenigen Ausnahmen seit fast einem Jahrhundert auf der Markierung von unbedeutenden 300 Metern, betrachtet man z.B. die größte Meerestiefe unserer Erde, der Marianengraben mit seiner tiefsten Stelle der Witjas-Tiefe (11034 Meter), stehengeblieben sind.

Dort herrscht ein unvorstellbarer Überdruck von ca. 1104 kg/cm^2 oder wie man auch sagt 1104 bar. Es ist notwendig, deutlich zu sagen, dass heute auf den Weltmeeren operierende Atom-U-Boote aller Nationen, die im übrigen bis zu 10 mal so groß sind wie unser Museum, technische Ingenieursleistungen auf höchstem Niveau sind, die fast ausschließlich einem friedens- und menschenfeindlichen, also einem abartigen Ziel, der Zerstörung und Vernichtung, dienen. Um ihnen den Widerspruch zwischen technischer Höchstleistung, ihrem vernichtenden Einsatz und auch der Lebensweise der in diesem Zwiespalt stehenden ausführenden Besatzungen realistisch nahezubringen, haben wir in jahrelanger Detailarbeit eine der Bastionen der militärischer Geheimniskrämerei aufgebrochen.

Durch unser weltgrößtes U-Boot Museum, mit seinem Schwestermuseum in Florida-USA, wollen wir auch die von uns gewonnenden Erkenntnisse weiter vermitteln. All solche wissenschaftlichen und technischen Höchstleistungen müssten dazu benutzt werden, damit sie der Welt insgesamt zugute kommen könnten. In diesem Sinne möchte ich sie bitten unsere kleine Fibel als Information zu betrachten, in der wir wertneutral für Interessierte versuchen technische Realitäten auch mit wissenschaftlichen Erkenntnissen auszuleuchten. Ich lade Sie und ihre Familien herzlich zu einem Besuch auf ›U-461‹ ein und wünsche ihnen, dass Sie, wie schon hunderttausende Besucher vor ihnen, nachdenkliche, aber auch interessante Stunden im Reich der »grauen Wölfe« verleben können.

Thomas Lamla – Museumsdirektor, Technikfreak und U-Boot Fan

Blick auf die Hafenanlagen von Peenemünde.
An der Pier liegt U-461.

Das Boot – Von ›Liepája‹ über Kopenhagen nach Peenemünde

Am 21. Dezember 1998 konnten aufmerksame Beobachter an der Ostküste der Insel Rügen einen ungewöhnlichen Schleppzug beobachten. Am Haken des Schleppers MDSG-1 und eines Heckschleppers hing ein ausgedientes russisches U-Boot. Ziel dieser Reise war der ehemalige DDR-Marinehafen Peenemünde unweit von Wolgast auf der Insel Usedom.

Das Boot – Von ›Liepája‹ über Kopenhagen nach Peenemünde

Das Achterschiff von Backbord.
Foto: Goessgen

Es handelte sich dabei um das U-Boot U-461 (ehem. ›K-24‹, ehem. ›B-24‹, letzte taktische Bezeichnung ›B-124‹) vom Projekt 651 der JULIETT-Klasse.
Noch vor nicht allzu langer Zeit Träger von taktischen Raketensystemen, liegt es jetzt als Museumsschiff und Anziehungspunkt für Touristen vertäut an der Pier des ehemaligen Marinegeländes. Bis 1993 befand sich U-461 als ›B-124‹ neben fünf weiteren Booten der gleichen Klasse im Bestand der 58. U-Boot-Brigade der Baltischen Rotbannerflotte. Basiert im Marinestützpunkt ›Liepája‹ (dt. Libau, Lettland) – siehe auch Basierung und Verteilung ab Seite 72. Im Weiteren wird das Boot entweder mit der letzten taktischen Bezeichnung ›B-124‹ benannt oder mit der letzten bekannten Bordnummer (Pennant Number) 461 zzgl. des ›westlichen‹ Präfix ›U‹, also U-461.

Mit Michail Gorbatschows ›Perestroika‹ und ›Glasnost‹ versuchte sich Ende der achtziger Jahre die Sowjetunion selbst zu reformieren. Im Laufe dieses Prozesses erklärten die ehemaligen Sowjetrepubliken Estland und Litauen zu Beginn des Jahres 1990 ihre Unabhängigkeit. Am 4. Mai 1990 folgte auch Lettland als letztes der drei baltischen Länder.

Sowohl Estland als auch Lettland hatten für die Realisierung ihrer Unabhängigkeit eine Übergangsperiode eingeräumt, um das schwierige Verhältnis mit Moskau zu klären. Aber erst als Boris Jelzin zum Präsidenten der Russischen Föderativen Republik gewählt wurde, kam Bewegung in diesen Prozess und konstruktive Gespräche wurden zwischen den Ländern geführt.

Trotzdem gab die Sowjetunion (und letztlich auch Russland) das Baltikum nicht kampflos preis.

Am 20. Januar 1991 stürmten OMON-Einheiten – eine Spezialtruppe des sowjetischen Innenministeriums – das lettische Innenministerium in Riga. Ergebnis: fünf Tote. In den baltischen Hauptstädten ›Riga‹, ›Vilnius‹ (dt. Wilna) und ›Tallinn‹ wurden daraufhin Barrikaden errichtet... Weitere Überfälle durch sowjetische Einheiten folgten.
Am 3. März 1991 fanden in Lettland Abstimmungen zur Unabhängigkeit statt. 73,6 % der Bevölkerung stimmten bei einer Wahlbeteiligung von 87,5 % für die Unabhängigkeit.
Vom 19. bis 21. August 1991 erstarrte Europa, als aus Moskau die Nachricht kam: Putsch in der Sowjetunion. Doch der Spuk verflog schnell.
Die Regierung Lettlands erklärte am 21. August 1991 die Übergangsfrist für beendet und das Land damit endgültig unabhängig. Russland erkannte am 24. August die Unabhängigkeit der baltischen Staaten an, am 4. September folgte formell der in Moskau neu gebildete Unionsrat der UdSSR.

Am 17. September hielten die drei Präsidenten Rüütel (Estland), Gorbunovs (Lettland) und Landsbergis (Litauen) ihre Antrittsreden vor der Vollversammlung der Vereinten Nationen. Die drei Länder werden Mitglieder der UNO. Damit hatte das Ringen um die Unabhängigkeit des Baltikums – zumindest juristisch – sein erfolgreiches Ende gefunden.

Doch noch stand eine gewaltige Besatzungsmacht in den drei Ländern. Nachdem die Sowjetunion am 6. September 1991 die Unabhängigkeit der baltischen Staaten anerkannt hatte, wurde allgemein angenommen, dass damit auch ein umgehender Abzug der Truppen verbunden wäre. Dieser Prozess zog sich aber drei Jahre hin. Im Februar 1992 fanden in Moskau verbindliche Gespräche über den Abzug der nunmehr russischen Truppen statt. Noch im gleichen Jahr sollten die ersten Einheiten abziehen. Der letzte reguläre russische Soldat verließ – offiziell – am 31. August 1994 das Baltikum. Eine Ausnahme bildete nur das Frühwarnsystem in ›Skrunda‹ (Lettland), welches bis 1998 in Betrieb blieb und dessen Gebäude nach der Demontage im Sommer des gleichen Jahres gesprengt wurden.

Abriss des U-Bootbaues und des U-Bootbestandes in Russland und der UdSSR

Ein JULIETT von Backbordseite vorn in der Ostsee.

Turmoberteil eines JULIETT-Bootes beim Tauchen in der Ostsee.

Ein JULIETT von Steuerbordseite achtern, Ostsee.

Die frühe Entwicklungsgeschichte des Baues von Unterwasserfahrzeugen verlief in Russland ähnlich wie in den übrigen Ländern Europas und später in den USA. Abenteurer und wagemutige Pioniere versuchten Fahrzeuge für die Reise unter der Wasseroberfläche zu bauen. Es gab dabei Erfolge und technische Fortschritte, aber auch bittere Niederlagen. Es wäre müßig, alle Versuche, Experimente und Konstruktionen aufzählen zu wollen. Von 1799 bis 1900 gab es alleine ca. 115 verbürgte und nachgewiesene Bauaktivitäten mit Tauchfahrzeugen. Eine umfassende Darstellung russischer Aktivitäten in diesem Zeitraum ist auf der russischen Internet-Seite www.navy.ru[4] nachzulesen.

4 http://www.navy.ru/users/lapin/Imperial/list.htm (Stand 07/1999)

Abriss des U-Bootbaues und des U-Bootbestandes in Russland und der UdSSR

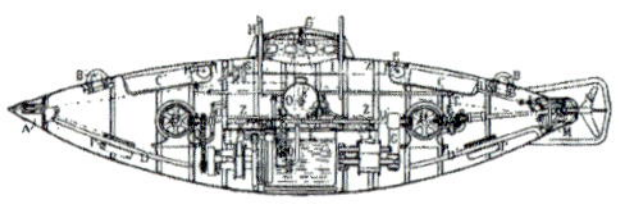

Riss des Dzhevetskiy-Bootes mit Pedalantrieb und Seerohr.

Die ›DEL'FIN‹ in See.

Darstellung der ›DEL'FIN‹.

Erfolgreiche Boote sind erst mit dem technischen Fortschritt des 19. Jahrhunderts möglich geworden. Neue Technologien in der Metallgewinnung und Verarbeitung in Verbindung mit einer sich mehr und mehr verbreitenden Basis wissenschaftlicher Erkenntnisse und ingenieurtechnischer Verfahren schufen die Voraussetzungen für den Bau fahr- und tauchfähiger Unterwasserboote. Unter dem Eindruck des Krimkrieges 1853-1856 ist der deutsche Konstrukteur Wilhelm Bauer in russische Dienste gekommen und baute das Boot ›Seeteufel‹, mit dem 134 Tauchfahrten unternommen wurden.

Einer der ehrgeizigsten und hartnäckigsten russischen Konstrukteure war S. K. Dzhevetskiy. Seine Ideen schlugen sich u.a. im Bau eines 6 m-Bootes mit fünf Mann Besatzung nieder. Das verbesserte Nachfolgemodell ist von der Admiralität in einer Stückzahl von 50 Booten um 1880 geordert worden. Diese kleinen Fahrzeuge bewährten sich jedoch nicht – auch wegen des menschlichen Pedal-›Antriebes‹. Einige der Boote endeten als Fahrwasserbojen vor den Häfen des Schwarzen Meeres und der Ostsee. Ein späteres Exemplar blieb der Nachwelt erhalten und ist im Marinemuseum der russischen Flotte in St. Petersburg zu sehen. Dzhevetskiy baute zwei weitere Boote, die erstmals elektrischen Antrieb und ein Sehrohr besaßen.

Die Marine kaufte die Boote jedoch nicht. Statt dessen entschied sie sich zum Erwerb eines 250 t-Nordenfelt-Bootes (schwedische Konstruktion, aber gebaut in England) mit einer 1300 PSi-Dampfmaschine. Bei der Überführung nach Kronstadt aber sank es am 18.09. 1888 vor der jütländischen Küste. Dzhevetskiy gab nicht auf und präsentierte der Admiralität bis 1900 zwei weitere Entwürfe. Er konnte sich – trotz fortschrittlicher Ideen – aber nicht durchsetzen. Erst acht Jahre später ist eine seiner Konstruktionen verwirklicht worden.

Am Ende des 19. Jahrhunderts waren alle technischen Komponenten zusammen, die den Bau militärisch nutzbarer Unterwasserfahrzeuge möglich machten:

- der Stahlschiffbau – mit der Verarbeitung fester Stähle,
- die Antriebsmaschinen – mit der Kombination Verbrennungskraftmaschine – Elektromotor,
- die Energiespeicherung – mit Hilfe von Akkumulatoren,
- die Waffe – mit dem Torpedo als wirksames Instrument gegen Überwasserziele.

Desweiteren kam hinzu, dass mit dem forcierten Ausbau der Flottenkräfte in Europa, den USA und Japan genügend lohnenswerte ›Ziele‹ für die künftigen U-Boote zur Verfügung standen und in der internationalen politischen Szenerie die militärische Auseinandersetzung zur Lösung von Streitfragen als durchaus legitim angesehen wurde. Die neue Waffe U-Boot kam daher für die Flotten einiger Länder gerade recht...

Im Dezember 1900 begann die ernsthafte Projektierung von Tauchbooten in Russland. Im Marineministerium wurde eine Kommission für den Bau eines ›halbtauchenden Zerstörers‹ ins Leben gerufen. Den Vorsitz hatten der Vorsitzende des marinetechnischen Komitees Vizeadmiral I. M. Dikov und der Hauptinspektor für Marineschiffbau N. E. Kuteynikov. Mitglieder waren u.a. I. G. Bubnov, I. S. Goryunov und Leutnant M. N. Beklemyshev.

Am 3. Mai 1901 wurde dem Hauptinspektor für Marineschiffbau von der Kommission das Projekt ›Zerstörer Nr. 113‹[5] vorgelegt. Nach dessen Durchsicht und Bestätigung wurde in den Baltischen Werken in St. Petersburg das erste russische U-Boot in Auftrag gegeben. Im März 1902 – nun als ›Zerstörer Nr. 150‹ – ist es in die Flottenliste aufgenommen worden. Die Fahrterprobungen endeten am 14. Oktober des gleichen Jahres. Kommandiert wurde das Boot, das durch ›höchste Order‹ am 14. Mai 1904 den Namen ›DEL'FIN‹ erhielt, vom nunmehrigen ›Kapitan Vtorogo Ranga‹ (Fregattenkapitän) M. N. Beklemyshev.

Das Schiffbauprogramm Russlands von 1903 sah den Bau von zehn U-Booten vor, die in der vorgesehenen Anzahl von 35 zu bauenden Zerstörern enthalten waren. Etwas später ist ein in Deutschland gekauftes Boot für den Einsatz in Fernost in Dienst gekommen. Es wurde auf der Germania-Werft in Kiel gefertigt und fuhr mit dem Namen ›FOREL'‹. Darüber hinaus erhielt diese Werft den Bauauftrag über drei weitere Boote von je 250 t.

1903 hatte Russland insgesamt zwei Boote fertig und sechs im Bau. Im Juli 1904 standen vier Boote im Flottendienst: die ›DEL'FIN‹, die ›KASATKA‹ – beides russische Bauten – die ›OSETR‹ (ein Boot der LAKE-Klasse, ehem. US ›PROTECTOR‹) und die ›SOM‹ (ein Boot der HOLLAND-7R-Klasse, ehem. US ›FULTON‹).

Als einer der Vorreiter des Einsatzes galt Vizeadmiral Vitgeft (dt. Witthöft). 1889, da noch im Range eines Fregattenkapitäns, inspizierte er die westeuropäischen Aktivitäten im Bereich des Tauchboot- und Minenwesens. Er erkannte die Möglichkeiten des gedeckten Angriffs und die Gefahr, die vom Vorhandensein von U-Booten ausging.
Auf seine Initiative ist eines der alten, pedalgetriebenen Dzhevetskiy-Boote von 1880 mit dem Dampfer ›DAGMAR‹ in die fernöstliche Seefestung Port Arthur transportiert worden, als »(sub) fleet-in-being«.

Die ›FOREL'‹ im Hafen.

Die ›SOM‹ im Dock.

Das Tauchboot ›PORTARTURETS‹ in Port Arthur.

Die restlichen Boote der KASATKA-Klasse, insgesamt sechs Einheiten, kamen als zweiter eigener russischer Bootstyp etwas später in Fahrt: die ›FEL'DMARSHAL GRAF SHEREMETEV‹, ›SKAT‹, ›NALIM‹, ›OKUN'‹ und ›MAKREL'‹.

Vor und während des Russisch-Japanischen Krieges 1904/05 sind erstmalig durch Russland Anstrengungen zur Erarbeitung der Einsatztaktik, der Kommandostruktur, der Führung in See und der Logistik der als ›Submariny‹ bezeichneten Tauchboote unternommen worden.

Abriss des U-Bootbaues und des U-Bootbestandes in Russland und der UdSSR

1 ›DEL'FIN‹ (1902)

Verdrängung Ü/U :	113/124 t
L/B/T:	19,6/3,35/- m
Leistung Maschine:	1x450 PS
Geschwindigkeit Ü/U:	10/5 kn
Fahrbereich Ü/U:	243/28 sm
Besatzung:	-
Tauchtiefe :	50 m
Bewaffnung:	2 Torpedos

1 ›FOREL'‹ (1903)

Verdrängung Ü/U:	15,3/16,3 t
L/B/T:	15,6/3,4/- m
Leistung Maschine:	1x65 PS
Geschwindigkeit Ü/U:	6,5/6,5 kn
Fahrbereich Ü/U:	-/3,5 sm
Besatzung:	-
Tauchtiefe :	30 m
Bewaffnung:	2x45 cm TR

1 GOUBET-Boot (1903)

Verdrängung Ü/U:	10 t / -
L/B/T:	-/-/- m
Leistung Maschine:	- PS
Geschwindigkeit Ü/U:	5/5 kn
Fahrbereich Ü/U:	6-7 h
Besatzung:	3 Mann
Tauchtiefe :	- m
Bewaffnung:	2 Torpedos

5 Nach der in der Russischen Flotte wirksamen Klassifikation vom 30.12.1891 sind halbtauchende und ganztauchende Fahrzeuge als Zerstörer eingestuft worden: ›Minonosets‹. Erst ab dem 06.03.1906 gab es die Bezeichnung U-Boot ›Podvodnaya Lodka‹.

Abriss des U-Bootbaues und des U-Bootbestandes in Russland und der UdSSR

Die ›KEFAL'‹ in der Bauwerft.

Später befanden sich dort weitere Fahrzeuge:

- Ein 10 t-Boot französischer Konstruktion (von T. Goubet), das mit dem in Frankreich gebauten Linienschiff (Geschwader-Panzerschiff) ›TSESSAREVICH‹ nach Port Arthur gebracht wurde.
- Das Boot ›PETR KOSHKA‹; dieses kam kurz nach Kriegsbeginn zusammen mit seinem Konstrukteur N. E. Kuteynikov nach Port Arthur (die Transportwege in die Festung waren noch frei).
- Zwei ›Eigenbau‹-Boote der Festungsingenieure unter der Leitung von M. P. Naletov: die ›PORTARTURETS‹ und ein Vorgängermodell als Unterwasserminenleger.

Der Vorgänger sank aber ohne Besatzung bei Tauchversuchen vor Indienststellung. Dieses Boot besaß keinen Namen, das blieb bis zur Kapitulation 1905 so.

Bis Dezember 1904 kamen mit der Transsibirischen Eisenbahn sieben Boote nach Vladivostok (Wladiwostok), davon drei der KASATKA-Klasse.

Das waren die Boote: ›KASATKA‹, ›NALIM‹ und ›SKAT‹, desweiteren die ›FOREL'‹, die ›DEL'FIN‹, die ›SOM‹ und die ›FEL'DMARSHAL GRAF SHEREMETEV‹.

6 KASATKA-Klasse (1904)

Verdrängung Ü/U:	140/177 t
L/B/T:	33,5/3,4/3,3 m
Leistung Maschine:	1x220 PS
Geschwindigkeit Ü/U:	8,5/5,5 kn
Fahrbereich Ü/U:	700/30 sm
Besatzung:	24 Mann
Tauchtiefe:	50 m
Bewaffnung:	4 Torpedos

6 OSETR-Klasse (1906)

Verdrängung Ü/U:	137/174 t
L/B/T:	19,8/3,3/3,8 m
Leistung Maschine:	2x120 PS
Geschwindigkeit Ü/U:	7,5/4,5 kn
Fahrbereich Ü/U:	300/35 sm
Besatzung:	24 Mann
Tauchtiefe:	30 m
Bewaffnung:	3x457 mm TR

7 SOM-Klasse (1906)

Verdrängung Ü/U:	105/124 t
L/B/T:	20,4/3,5/2,8 m
Leistung Maschine:	192+60 PS
Geschwindigkeit Ü/U:	9,5/6,0 kn
Fahrbereich Ü/U:	500/45 sm
Besatzung:	22 Mann
Tauchtiefe:	30 m
Bewaffnung:	1x457 mm TR, 1x45 mm Ari

3 KARP-Klasse (1907)

Verdrängung Ü/U:	209/235 t
L/B/T:	39,6/3,1/2,8 m
Leistung Maschine:	2x380 PS
Geschwindigkeit Ü/U:	10,6/8,3 kn
Fahrbereich Ü/U:	1250/80 sm
Besatzung:	29 Mann
Tauchtiefe:	30 m
Bewaffnung:	1x457 mm TR + 2x457 TR

4 KAIMAN-Klasse (1909)

Verdrängung Ü/U:	409/482 t
L/B/T:	40,7/4,2/5,0 m
Leistung Maschine:	4x200 PS
Geschwindigkeit Ü/U:	8,0/7,5 kn
Fahrbereich Ü/U:	1050/45 sm
Besatzung:	34 Mann
Tauchtiefe :	50 m
Bewaffnung:	4x457 mm + 2x457 mm TR, 1x47 mm Ari

18 BARS-Klasse (1912)

Verdrängung Ü/U:	650/780 t
L/B/T:	68/4,45/4,1 m
Leistung Maschine:	2x700 PS
Geschwindigkeit Ü/U:	10,5/8,5 kn
Fahrbereich Ü/U:	5000/100 sm
Besatzung:	44 Mann
Tauchtiefe:	50 m
Bewaffnung:	4x457 mm TR, 8xTA an Oberdeck, 1x7,5 cm; 1x5,7 cm; 1x3,7 cm, 12 Torpedos

3 MORZH-Klasse (1915)

Verdrängung Ü/U:	642/773 t
L/B/T:	67,4/4,4/3,9 m
Leistung Maschine:	2x600 PS
Geschwindigkeit Ü/U:	11,0/9,0 kn
Fahrbereich Ü/U:	2220/160 sm
Besatzung:	45 Mann
Tauchtiefe:	50 m
Bewaffnung:	4x457mm-TR, 8xTA an Oberdeck; 2x7,5 cm; 1x3,7 cm; 12 Torpedos

3 NARVAL-Klasse (1915)

Verdrängung Ü/U:	621/994 t
L/B/T:	70/6,5/3,6 m
Leistung Maschine:	2x665 PS
Geschwindigkeit Ü/U:	13,0/9,8 kn
Fahrbereich Ü/U:	3000/110 sm
Besatzung:	47 Mann
Tauchtiefe:	50 m
Bewaffnung:	4x457 mm-TR, 4xTA an Oberdeck; 1x7,5 cm; 1x5,7cm; 8 Torpedos

1 ›KRAB‹ (1915)

Verdrängung Ü/U:	512/722 t
L/B/T:	52,7/4,3/3,9 m
Leistung Maschine:	4x600 PS
Geschwindigkeit Ü/U:	10/7,5 kn
Fahrbereich Ü/U:	2500/82 sm
Besatzung:	53 Mann
Tauchtiefe :	50 m
Bewaffnung:	2x457mm-TR, 2xTA an Oberdeck, 1x7,5 cm, 2 MG, 60 Minen

11 A.G.-Klasse (1916)

Verdrängung Ü/U:	361/440 t
L/B/T:	45,7/4,8/2,7 m
Leistung Maschine:	2x700 PS
Geschwindigkeit Ü/U:	12,8/7,5 kn
Fahrbereich Ü/U:	2700/100 sm
Besatzung:	37 Mann
Tauchtiefe:	50 m
Bewaffnung:	4x457 mm-TR, 1x4,5 cm

1+1 ERSH-Klasse (1917)

Verdrängung Ü/U:	655/750 t
L/B/T:	67,9/4,4/4,3 m
Leistung Maschine:	2x870 PS
Geschwindigkeit Ü/U:	10,7/7,5 kn
Fahrbereich Ü/U:	1400/100 sm
Besatzung:	46 Mann
Tauchtiefe:	50 m
Bewaffnung:	2x457 mm-TR, 4xTA an Oberdeck, 1x5,7 cm, 1 MG, 42 Minen

Das Tauchboot ›PORTARTURETS‹ in Port Arthur.

Abriss des U-Bootbaues und des U-Bootbestandes in Russland und der UdSSR

Trotz einiger weniger Fahrten in den Bereich der Korea-Straße während des Krieges kam es nicht zur Feindberührung mit japanischen Seestreitkräften. Es sind dabei weltweit erstmalig konkrete Einsatztaktiken von U-Booten ausgearbeitet worden. Demnach sollten einige Boote im Schlepp von Dampfern und Torpedobooten bis zu den japanischen Häfen Hakodate und Aomori (in der Tsugarustrasse zwischen Hokkaido und der japanischen Hauptinsel) vordringen, um gegnerische Schiffe anzugreifen. Daraus wurde aber nichts.

Ein Boot der BARS-Klasse beim Absenken auf der Slipanlage.

Bei einem Vorstoß (Raid) japanischer Kreuzer in Richtung Vladivostok am 09. Februar 1905 befahl der Festungskommandant das sofortige Auslaufen aller Tauchboote, um die Japaner zu vertreiben. Aber die U-Boote besaßen keine Torpedos. Diese lagen noch in den Arsenalen an der Ostseeküste. Das Wissen über die Kampfmöglichkeiten von U-Booten waren noch nicht jedem führenden Kommandeur verständlich gemacht worden... Am 29. April 1905 liefen die Boote ›DEL'FIN‹, ›KASATKA‹ und ›SOM‹ aus, um japanische Schiffe in der Preobrashenskiy-Bucht anzugreifen. Sie wurden jedoch entdeckt. Artilleriesalven fegten über die abtauchenden U-Boote hinweg. Knapp entkamen sie in die Tiefe. Ein angesetzter Torpedoschuss der ›SOM‹ wurde abgebrochen, da sich Nebel über dem Meer bildete und die Japaner schon zu weit entfernt waren. Die Leistungsfähigkeit der damaligen Boote dokumentierte wiederum die ›SOM‹. Sie verbrachte acht Tage auf See, davon 16 Stunden unter Wasser. Ebenso die ›SKAT‹. Am 8. Mai tauchte sie und lag fünf Stunden auf Grund.

Während des Krieges im Fernen Osten und in den Jahren danach forcierte Russland den Bau von Tauchbooten. Der steigende Bedarf an schwimmendem Material nach den verheerenden Niederlagen in den Seegefechten im Gelben Meer bei Port Arthur und in der Tsushima-Schlacht 1905 führte auch zum verstärkten Kauf von Schiffsmaterial im Ausland. So kamen 1904-09 folgende Boote in die Flotte:

- USA: 6 LAKE[6]-Boote: die bereits erwähnte ›OSETR‹ ehem. US ›PROTECTOR‹; desweiteren die in Folge in den USA gebauten Boote: ›KEFAL'‹, ›SIG‹, ›BYTCHOK‹, ›PALTUS‹, ›PLOTVA‹.
- USA: 4 LAKE-Boote: ›ALLIGATOR‹, ›DRAKON‹, ›KAYMAN‹ und ›KROKODIL‹
- USA: 7 HOLLAND-Boote: die o.g. ›SOM‹ ehem. US ›FULTON‹ (HOLLAND-7R-Klasse); die vom gleichen Typ in Russland gebauten Boote: ›SHCHUKA‹, ›BELUGA‹, ›PESKAR'‹, ›STERLYAD'‹, ›LOSOS'‹, ›SUDAK‹.
- Deutschland: 3 Boote der KARP-Klasse: ›KARP‹, ›KARAS‹, ›KAMBALA‹ (diese ging am 30.05.1909 nach der Kollision mit dem Linienschiff ›PANTELEYMON‹ verloren).

Am Ende des Russisch-Japanischen Krieges 1905 lagen 13 Boote in Vladivostok. Die vier Boote in Port Arthur wurden kurz vor dem Fall der Festung durch die Russen selbstversenkt.

Die ›MINOGA‹ in See.

Die ›KAYMAN‹ in See.

6 Vom Konstrukteur Simon Lake in den USA entwickelte U-Boote. Diese wurden um 1905 auch anderen Staaten zum Verkauf bzw. Nachbau (mit Lieferung der Teile aus dem USA) angeboten.

Abriss des U-Bootbaues und des U-Bootbestandes in Russland und der UdSSR

1906 waren in der russischen Flotte insgesamt 29 Boote unterschiedlicher Bauart vorhanden, davon 18 alleine in Vladivostok. Bis 1914 sind einige außer Dienst gestellt und abgebrochen worden. Verstärkt ist der Bau eigener Konstruktionen gefördert worden. Der Schiffbauingenieur Ivan Grigorevitch Bubnov (1872-1919) war maßgeblich an der Konstruktion von U-Booten der ersten Generation beteiligt. Nach der KASATKA-Klasse fertigte er das Projekt zweier Einzelboote. Zum einen das ›kleine‹ Boot mit 117 t Wasserverdrängung, die ›MINOGA‹ (erstes russisches Boot mit Dieselmaschinen), danach das ca. 400 t verdrängende ›große‹ Boot ›AKULA‹. Dieses größere Boote stellte das direkte Bindeglied zum russischen Standard-U-Bootstyp des Ersten Weltkrieges, der BARS-Klasse, dar. Später arbeitete er an der MORZH-Klasse.

Die ›AKULA‹ der Zarenflotte in See.

Die ›NARVAL‹ in See.

Für die Russische Marine war die Zeit nach dem verlorenen Russisch-Japanischen Krieg sehr schwer. Meutereien auf Schiffen – die bekannteste fand auf dem Schwarzmeer-Linienschiff (Geschwader-Panzerschiff, kein ›Panzerkreuzer‹!) ›KNYAZ POTEMKIN TAVRICHESKIY‹, später umbenannt in ›PANTELEYMON‹, statt.

Das Ansehen der Marine befand sich auf dem Nullpunkt. Mit der Einführung neuer Technik aus dem Ausland sollte die Flotte eine notwendige Modernisierung erfahren. Gravierend änderte sich die Situation aber erst mit der Umsetzung des ›Großen Schiffbauprogramms‹ von 1911 und dessen Erweiterung, dem ›Kleinen Schiffbauprogramm‹ von 1912. Das ›Große Programm‹ sah u.a. den Bau von 24 U-Booten bis 1930 vor. Man erkannte aber recht schnell, dass diese Anzahl im internationalen Vergleich der Marinestreitkräfte nicht ausreichen würde. Daher sah das ›Kleine Programm‹ den beschleunigten Bau von 36 U-Booten bis 1917 vor.

Für die Baltische Flotte entstanden bei der Baltischen Werft St. Petersburg und bei Nobel & Lessner in Reval (Tallinn) 18 U-Boote der BARS-Klasse. Daneben begann die Filiale der Baltischen Werft in Nikolayev 1911/15 den Bau der MORZH-Klasse mit den Booten ›MORZH‹, ›TYUELEN'‹ und ›NERPA‹ für die Schwarzmeer-Flotte und der NARVAL-Klasse in der Nevskiy-Werft in St. Petersburg mit der ›NARVAL‹, ›KIT‹ und ›KASHALOT‹.

Zu Beginn des Ersten Weltkrieges befand sich die Russische Marine in einer sehr intensiven, aber noch im vollen Zuge laufenden Anlaufphase. Die U-Bootflotte war durchaus beachtenswert. Die Masse der im Bau befindlichen Schiffe und U-Boote wurde schon kurz nach Kriegsbeginn durch Mangel an Fachleuten und

Die ›MORZH‹ in See.

Material in der Fertigstellung stark behindert. Zahlreiche Neubauten mussten stillgelegt werden. Die russische Schiffbauindustrie war vor Kriegsausbruch gezwungen, für die Mehrzahl der U-Boote die Dieselmotoren bei M.A.N. oder Germania zu bestellen. Diesen blieben nach Kriegsausbruch aus. Man musste sogar derart improvisieren, dass aus Amur-Monitoren die schwachen 250 PS-Maschinen ausgebaut und in die U-Boot-Rümpfe installiert wurden.

Im Bestand der drei Flotten befanden sich 1914 folgende U-Boote:

- 11 Baltische Flotte
- 9 Schwarzmeerflotte
- 7 Sibirische Flottille (Fernost)

Abriss des U-Bootbaues und des U-Bootbestandes in Russland und der UdSSR

Der überwiegende Teil der Fernost-Boote ist 1914/15 per Bahn in den europäischen Teil rücküberführt worden. Das betraf die Boote: ›SKAT‹ und ›NALIM‹ 1914 nach Sevastopol' (Sewastopol), ›KASATKA‹ und ›FEL'DMARSHAL GRAF SHEREMETEV‹ 1915 in die Ostsee, ›SOM‹ und ›SHCHUKA‹ zunächst nach Sevastopol', danach im August 1915 ebenfalls in die Ostsee. Das verbliebene LAKE-Boot ›KEFAL'‹ stellte in Vladivostok außer Dienst. Die anderen noch vorhandenen ›alten‹ Bootsveteranen von 1904/05 sind vor 1914 gestrichen worden.

Während des Krieges sind trotz aller Schwierigkeiten U-Boote gebaut worden und in Dienst gekommen.

Die ›ERSH‹ in der Bauwerft.

Für die Baltische Flotte waren das 21 Boote, davon 16 der BARS-Klasse und fünf der A.G.-Klasse (AMERIKANSKIY GOLLAND des US-Konstrukteurs Holland): ›A.G. 11, 12, 13-16‹. Diese sind in Kanada vorgefertigt und in Teilen per Schiff und Transsibirischer Eisenbahn in die europäischen Gewässer transportiert worden. Für die Schwarzmeerflotte sind zehn Boote des ›Friedensbauprogramms‹ und vier spätere Bauten in Dienst gekommen, desweiteren sechs der AG-Klasse: ›A.G. 21-26‹.

Neue Wege beschritt Russland in der Minenkriegsführung mit der Konstruktion und dem Bau der ersten Minen-U-Boote: die ›KRAB‹ als Einzelboot und der ERSH-Klasse: die ›ERSH‹ und die neue ›FOREL'‹.

Die Handlungen der russischen Flotten 1914 bis 1917 unterschieden sich im Ostseebereich und im Schwarzen Meer gravierend. In der Ostsee erhielten defensive Operationen Vorrang. Das Legen von Minensperren, Aufklärungsvorstöße und Küstenbeschuß waren dafür kennzeichnend. Geplänkel mit deutschen Streitkräften blieben dabei nicht aus. Einen entscheidenden Durchbruch konnte die russische Flotte dabei nicht verzeichnen.

Ganz anders die Lage im Schwarzen Meer. Hier überwog die aktive Seekriegsführung gegen den Hauptgegner Türkei und gegen die von Deutschland an die Türkei übergebenen Kriegsschiffe, die häufig im Schwarzen Meer operierten: der Schlachtkreuzer ›JAVUZ SULTAN SELIM‹, ehem. deutsch SMS ›GOEBEN‹, und der Kreuzer ›MIDILLI‹, ehem. deutsch SMS ›BRESLAU‹. Geschwadereinsätze und Feindfahrten in Richtung türkische Küste gehörten bis 1917 durchaus zum Kriegsalltag. Die Türkei büßte bei diesen Raids umfangreiche Transportkapazitäten (Küstensegler, Dampfer) für den Seetransport kriegswichtiger Kohle ein.

In die Kommandostruktur der russischen Marine waren zeitweilig mehrere britische U-Boote mit englischen Besatzungen eingebunden. Die britische Admiralität sah sich 1914 durch die Erfolge deutscher U-Boote veranlaßt, in Abstimmung mit der russischen Marineführung einige U-Boote in die Ostsee zu detachieren. Anfangs basiert in den Stützpunkten Libau (später Liepája) und Reval (spater Tallin) blieben sie bis 1918 in diesem Seegebiet. Vorgesehen für den Durchbruch durch die Ostseezugänge zwischen 1914 und 1915 waren die Boote E-1, E-8, E-9, E-11, E-13, E-18 und E-19. Angekommen sind E-1, E-8, E-9, E-18 und E-19. E-11 mußte wegen Seeschäden in der Nordsee umkehren, E-13 lief im Sund bei Saltholm auf eine Sandbank und wurde von Dänemark interniert. 1916 ist entschieden worden, weitere vier Boote zu entsenden.

Das Minen-U-Boot ›KRAB‹.

Ein Boot der BARS-Klasse in See.

Das Minen-U-Boot ›KRAB‹ bei der Minenübernahme.

Abriss des U-Bootbaues und des U-Bootbestandes in Russland und der UdSSR

Mehrere Tauchboote der russischen Flotte im Stützpunkt.

Da die Ostseezugänge zu diesem Zeitpunkt als unpassierbar eingestuft wurden, blieb nur der Weg über das Nordmeer nach Archangelsk und über die Binnengewässer Russlands zur Ostsee. Diesen Weg nahmen die Boote ›S-26, S-27, S-32‹ und ›S-35‹. Die Boote fuhren unter dem Kommando der russischen Admiralität erfolgreiche Einsätze. An Bord anwesend war jeweils ein russischer Steuermann. Mit Ausnahme von ›S-32‹ sind sämtliche eingesetzten Boote der E- und S-Klasse am 03. April 1918 auf der Außenreede des finnischen Sveaborg (Festung Suomenlinna vor Helsinki) vor dem Zugriff der Deutschen von den Besatzungen gesprengt und damit versenkt worden. ›S-32‹ ist durch die eigene Besatzung am 08. Oktober 1917 bei der Landung deutscher Truppen in ›Pärnu‹ (dt. Parnau) im Rigaer Meerbusen auf Strand gesetzt worden.
Der wachsenden Bedeutung der nördlichen Seeverbindung über Archangelsk und Romanovo (später Murmansk) für die Versorgung Russlands ist mit der Verstärkung der Eismeerflottille Rechnung getragen worden.
An U-Boot-Kräften betraf das die von der Sibirischen Flottille aus Vladivostock überführte ›DEL'FIN‹. Diese ging am 10.08.1917 durch Unfall verloren. 1917 ist aus Italien das von Fiat San Georgio in La Spezia gebaute U-Boot ›SVYATOY GEORGIY‹ zur Eismeerflottille überführt worden.Die Sibirische Flottille besaß nach der Rücküberführung der ›DEL'FIN‹ nur noch das alte LAKE-Boot ›KEFAL'‹. Dieses stellte 1915 außer Dienst.

Die U-Bootsverluste durch Feindeinwirkung und Kriegseinsatz (einschließlich Unfällen) hielten sich von 1914 bis 1917 in der Baltischen- und Schwarzmeerflotte sowie bei der Eismeer- und Sibirischen Flottille in Grenzen.

1914:	keine				
1915:	Baltische Flotte	28.11.	АКУЛА ›AKULA‹	Mine	westl. Lyserort
	Eismeerflottille	15.10.	›Nr. 2‹	Strandung	Svyatoy Nos
1916:	Baltische Flotte	23.05.	СОМ ›SOM‹	Kollision	Aalandsee
1917:	Baltische Flotte	28.05.	БАРС ›BARS‹	Mine	Norrköping-Bucht
	Baltische Flotte	11.06.	ЛЬВИЦА ›LVIZA‹	verm. Mine	südl. Gotland
	Baltische Flotte	07.07.	А.Г. 14 ›A.G. 14‹	verm. Mine	westl. Libau
	Baltische Flotte	28.10.	ГЕПАРД ›GEPARD‹	verm. Mine	westl. Lyserort
	Schwarzmeerflotte	13.05.	МОРЖ ›MORZH‹	verm. Mine	östl. Bosporus
	Eismeerflottille	26.04.	›Nr. 1‹	Kollision	Murmansk
	Eismeerflottille	10.08.	ДЕЛЬФИН ›DEL'FIN‹	Unfall	Murmansk

In der gesamten Russischen Flotte existierten im schicksalhaften Umsturz- und Revolutionsjahr 1917 52 Boote, deren größter Teil in der Ostsee lag: 16 der BARS-Klasse, 5 der A.G.-Klasse, ›A.G. 11, 12, 13-16‹ und vier ältere der KASATKA-Klasse, ›KASATKA‹, ›MINOGA‹, ›OKUN'‹ und ›MAKREL‹. Diese vier sind später auf Weisung des Revolutionsführers Lenin auf dem Schienenwege nach Astrachan am Kaspischen Meer transportiert worden und kamen dort gegen die Truppen Koltshaks und britische Verbände zum Einsatz. In der Schwarzmeerflotte fuhren zehn Boote, in der Eismeerflottille drei, in der Sibirischen Flottille eins. Durch die o.g. Verluste und Ausmusterungen wurden die Zahlen bis Jahresende 1917 schnell relativiert. Die restlichen Boote waren alte Boote der KAYMAN-Klasse, der SOM-Klasse und Einzelboote.

Die Flottenkräfte Russlands sind durch die inneren Unruhen nach der Abdankung des Zaren und letztlich der Machtübernahme der Bolschewiki in eine völlig desolate Lage geraten. Anfangs geführt von einem Flotten-Revolutionskomitee sollte der Spagat zwischen dem Kappen alter Führungsstrukturen, der Ablösung zaristischen Führungspersonals, der notwendigen Reorganisation, der Gefechtsbereitschaft und von Kampfeinsätzen geschafft werden. Am Ende des Ersten Weltkrieges versank die Flotte, einst der Stolz Russlands, im Chaos von Intervention und Bürgerkrieg. Größere Teile der Baltischen Flotte konnten durch die legendäre Eisfahrt von Hankö (russ. Gangut, ein Marinestützpunkt in Finnland) nach Kronstadt im Winter 1918 dem Zugriff Finnlands und Deutschlands entzogen und damit gerettet werden. Nur die Boote ›A.G. 11‹, ›A.G. 12‹, ›A.G. 15‹ und ›A.G. 16‹ versenkten sich zusammen mit einigen britischen Booten der S- und E-Klasse selbst.

Ähnlich erging es den zum Teil bereits ausgemusterten Booten, die in Libau lagen: ›ALLIGATOR‹, ›DRAKON‹, ›KAYMAN‹ und, ›KROKODIL‹ der KAYMAN-Klasse, ›BELUGA‹, ›PESKAR'‹, ›STERLYAD'‹ und ›SHCHUKA‹ der SOM-Klasse und Einheiten der BARS-Klasse: ›EDINOROG‹ und ›UGOR'‹. Diese wurden vor dem Einmarsch der Deutschen am 25.02.1918 zusammen mit den unfertigen Neubauten ›Z3‹ und ›Z4‹ gesprengt.

Die Schwarzmeerflotte hat es ungleich härter getroffen. Die U-Boote befanden sich versenkt auf dem Meeresgrund oder in den Händen der Interventionsstreitkräfte bzw. der ›Weißen‹. Erhebliche Teile der Überwasserschiffe sind von den revolutionären Bolschewiki vor Novorossiysk versenkt worden. Letztlich ›überlebten‹ in russischen Händen nur zwei Boote: die ›A.G. 21‹ und die ›NERPA‹ der MORZH-Klasse. Die in Einzelteilen aus Kanada gelieferten Boote ›A.G. 23‹, ›A.G. 24‹, ›A.G. 25‹ und ›A.G. 26‹ sind erst nach 1920 zusammengebaut worden und in Dienst gekommen.

Das Schicksal der U-Boote nach 1918 gestaltete sich sehr unterschiedlich. Ein Teil der verwendbaren Einheiten bildete den Grundstock der sowjetischen U-Boot-Waffe in den 20er und 30er Jahren. Nach längerer Liegezeit in Stützpunkten, Werften oder auf dem Meeresgrund kamen diese nach 1920 wieder in Fahrt.

Blick auf die U-Boot-Piers von Sevastopol im Ersten Weltkrieg.

Abriss des U-Bootbaues und des U-Bootbestandes in Russland und der UdSSR

In Dienst gebliebene und (mit neuem Namen versehene) wiederher- und fertiggestellte Einheiten. Einige sind in den Kämpfen mit den Interventionsstreitkräften versenkt oder beschädigt worden.

Baltische Flotte:		
ЕРШ ›ERSH‹	ERSH-Klasse	als РАБОЧИЙ ›RABOCHIY‹
ЗМЕЯ ›ZMEYA‹	BARS-Klasse	als ПРОЛЕТАРИЙ ›PROLETARIY‹
ЯГУАР ›YAGUAR‹	BARS-Klasse	als КРАСНОФЛОТЕЦ ›KRASNOFLOTETS‹
ТУР ›TUR‹	BARS-Klasse	als ТОВАРИЩ ›TVARISHCH‹
ТИГР ›TIGR‹	BARS-Klasse	als КОММУНАР ›KOMMUNAR‹
РЫСЬ ›PYS'‹	BARS-Klasse	als БОЛЬШЕВИК ›BOL'SHEVIK‹
ПАНТЕРА ›PANTERA‹	BARS-Klasse	als КОМИССАР ›KOMISSAR‹
ЛЕОПАРД ›LEOPARD‹	BARS-Klasse	als КРАСНОАРМЕЕЦ ›KRASNOARMEETS‹
ВОЛК ›VOLK‹	BARS-Klasse	als БАТРАК ›BATRAK‹
ГРАФ ШЕРЕМЕТЕВ ›GRAF SHEREMETEV‹		als КЕТА ›KETA‹
Schwarzmeerflotte:		
А.Г. 21 ›A.G. 21‹	AG-Klasse	als A 5 ›A 5‹, nach Bergung МЕТАЛЛИСТ ›METALLIST‹
А.Г. 23 ›A.G. 23‹	AG-Klasse	als A 1 ›A 1‹ ШАХТЁР ›SHAKHTER‹
А.Г. 24 ›A.G. 24‹	AG-Klasse	als A 2 ›A 2‹ КОММУНИСТ ›KOMMUNIST‹
А.Г. 25 ›A.G. 25‹	AG-Klasse	als A 3 ›A 3‹ МАРКСИСТ ›MARKSIST‹
А.Г. 26 ›A.G. 26‹	AG-Klasse	als A 4 ›A 4‹ ПОЛИТРАБОТНИК ›POLITRABOTNIK‹
НЕРПА ›NERPA‹	MORZH-Klasse	als ПОЛИТРУК ›POLITRUK‹
Eismeerflottille/Sibirische Flottille:		
СВЯТОЙ ГЕОРГИЙ ›SVYATOIY GEORGIY‹		als КОММУНАР ›KOMMUNAR‹

Bis 1938 ausgemusterte, nicht fertiggestellte, stornierte, abgewrackte oder durch Unfall verlorene Boote der alten Russischen Flotte: (Fortsetzung auf Seite 20)

1915: Sibirische Flottille:	LAKE-Klasse	КЕФАЛЬ ›KEFAL'‹
1916: Baltische Flotte:	KAYMAN-Klasse	АЛЛИГАТОР ›ALLIGATOR‹, ДРАКОН ›DRAKON‹, КАЙМАН ›KAYMAN‹ und, КРОКОДИЛ ›KROKODIL‹
1917: Baltische Flotte:	SOM-Klasse	БЕЛУГА ›BELUGA‹, ПЕСКАРЬ ›PESKAR'‹, СТЕРЛЯДЬ ›STERLYAD'‹
Eismeerflottille:	Nr. 1-3-Klasse	Nr. 1 (nach Bergung)
	›DEL'FIN‹	ДЕЛЬФИН ›DEL'FIN‹
Schwarzmeerflotte:	KARP-Klasse	КАРП ›KARP‹, КАРАС ›KARAS‹
	KASATKA-Klasse	СКАТ ›SKAT‹ und НАЛИМ ›NALIM‹
1918: Baltische Flotte:	Neubauten	Б 1-20 ›B 1-20‹, В 1-7 ›V 1-7‹, Г 1-28 ›G 1-28‹, Ц 1-4 ›Z 1-4‹ im Bau oder Bauvorbereitung
1919: Schwarzmeerflotte:	BARS-Klasse	ЛЕБЕД ›LEBED‹, ПЕЛИКАН ›PELIKAN‹; 21.10.1919 selbstversenkt, später gehoben und Bergung abgebrochen
1922: Baltische Flotte:	BARS-Klasse	УГОРЬ ›UGOR'‹,
	›MINOGA‹	МИНОГА ›MINOGA‹,
	KASATKA-Klasse	МАКРЕЛ ›MAKREL‹, ОКУНЬ ›OKUN'‹ КАСАТКА ›KASATKA‹,
	›KETA‹	КЕТА ›KETA‹ ehem. ФЕЛЬДМАРШАЛ ГРАФ ШЕРЕМЕТЕВ ›FEL'DMARSHAL GRAF SHEREMETEV‹

Abriss des U-Bootbaues und des U-Bootbestandes in Russland und der UdSSR

Bis 1938 ausgemusterte, nicht fertiggestellte, stornierte, abgewrackte oder durch Unfall verlorene Boote der alten Russischen Flotte: (Fortsetzung von Seite 19)

1922: Eismeerflottille:	FIAT	КОММУНАР ›KOMMUNAR‹, ehem. СВЯТОЙ ГЕОРГИЙ ›SVYATOY GEORGIY‹
1925: Baltische Flotte:	›FOREL'‹	ФОРЕЛЬ ›FOREL'‹
	BARS-Klasse	ЯАЗ ›YAZ‹, КУГУАР ›KUGUAR‹, ВЕПРЬ ›VEPR'‹
1930: Schwarzmeerflotte:	MORZH-Klasse	ПОЛИТРУК ›POLITRUK‹ ehem. НЕРПА ›NERPA‹
1931: Baltische Flotte:	ERSH-Klasse	РАБОЧИЙ ›RABOCHIY‹ ehem. ЕРШ ›ERSH‹ + 22.05.1931 Unfall
1934: Baltische Flotte:	BARS-Klasse	ПРОЛЕТАРИЙ ›PROLETARIY‹ ehem. ЗМЕЯ ›ZMEYA‹, БОЛЬШЕВИК ›BOL'SHEVIK‹ ehem. РЫСЬ ›PYS'‹; + 05.09./13.09.1934 Unfall
1936: Baltische Flotte:	BARS-Klasse	КОММУНАР ›KOMMUNAR‹ ehem. ТИГР ›TIGR‹, БАТРАК ›BATRAK‹ ehem. ВОЛК ›VOLK‹
1938: Baltische Flotte:	BARS-Klasse	ТОВАРИЩ ›TVARISHCH‹ ehem. ТУР ›TUR‹

Ab 1918 ständig oder vorübergehend von anderen Marinen übernommene Boote

an England:	von der Schwarzmeerflotte:	
	AG-Klasse	А.Г. 21›A.G. 21‹
	BARS-Klasse	ОРЛАН ›ORLAN‹, ГАГАРА ›GAGARA‹
	NARVAL'-Klasse	КАШАЛОТ ›KASHALOT‹, КИТ ›KIT‹, НАРВАЛЬ ›NARVAL‹
	›KRAB‹	КРАБ ›KRAB‹
	Bereits 1916/17 gingen außer Dienst:	
	KARP-Klasse	КАРП ›KARP‹, КАРАС ›KARAS‹
	LOSOS-Klasse	ЛОСОС ›LOSOS‹, СУДАК ›SUDAK‹
	KASATKA-Klasse	СКАТ ›SKAT‹, НАЛИМ ›NALIM‹
	Einheiten wurden von England abgewrackt, zerstört oder versenkt.	
an Österreich-Ungarn:	von der Schwarzmeeflotte:	
	Nr. 1-3-Klasse	›Nr. 3‹ (Klein-U-Boot), Boot ist am 12.03.1918 in der Donau defekt aufgegriffen worden. Vermutlich bis ca. 1931 in Budapest, danach Abbruch
1920 in die ›Wrangel‹-Flotte übernommene Boote der Schwarzmeerflotte (nach Bizerta überführt):		
	AG-Klasse	А.Г. 22 ›A.G. 22‹
	BARS-Klasse	БУРЕВЕСТНИК ›BUREVESTNIK‹, УТКА ›UTKA‹
	MORZH-Klasse	ТЮЛЕНЬ ›TYULEN'‹
	Alle Einheiten sind in den 20er Jahren in westlichen Werften und von Abwrackfirmen verschrottet worden.	

Bei den o.g. 1918 in Dienst gehaltenen oder besser gesagt schwimmfähig gebliebenen und wiederhergestellten Einheiten überlebten nicht alle die Wirrnisse der Intervention und des Bürgerkrieges. Am 11. Februar 1918 erließ der Rat der Volkskommissare ein Dekret über die Auflösung der alten Flotte und die Bildung einer neuen: die ›RKKF – Rabotche-Krest'yansikiy Krasnyy Flot‹ (die Rote Arbeiter- und Bauern-Flotte). Dieser neuen Flotte standen beinahe keine kampf- bzw. einsatzfähigen Schiffseinheiten mehr zur Verfügung. 1920 kam das erste U-Boot in Dienst: die ›SHAKTER‹ (›A 1‹, ehem. ›NESAMOSHNYI‹, ehem. ›A.G. 23‹). Es griff die über See zurückweichenden Teile der Wrangelarmee an. Am Ende des Bürgerkrieges 1922 verfügte die nunmehrige Sowjetrepublik über keine nennenswerte Flotte mehr. Einen fahrbereiten U-Bootbestand gab es praktisch nicht.

Das wenige Schiffsmaterial war nach sieben Kriegsjahren verbraucht, die Maschinenanlagen und Waffen verschlissen, die Logistik zusammengebrochen und die Fachleute nicht mehr verfügbar.
Die am 9. August 1923 gebildete UdSSR, (Union der Sozialistischen Sowjetrepubliken) stand vor der schweren Aufgabe, die Marinestreitkräfte nicht nur neu zu formieren, sondern letztlich neu zu schaffen.

Die planmäßigen Aufbauarbeiten begannen unmittelbar nach dem X. Parteikongress der KPdSU(B) (08.03.-16.03.1921). Die personellen Voraussetzungen sind mit der Wiedereinberufung ehemaliger Marineangehöriger, soweit sie Mitglieder der KPdSU(B) waren, geschaffen worden. Die materielle Basis wiederzubeleben, erwies sich als ungleich schwieriger. Materialien und Verbrauchsstoffe für Instandsetzungen waren kaum vorhanden, Werftanlagen weitgehend nicht verwendbar. Die um 1923 vorhandenen U-Boote dienten hauptsächlich der Ausbildung von neuen Besatzungen. Diejenigen, die trotz aller Anstrengungen nicht mehr verwendbar waren, sind letztlich als schwimmende Ladestationen teilweise bis nach 1945 verwendet worden. Man trennte sich allerdings rigoros von veraltetem, nicht mehr fahrbereit machbarem Schiffsmaterial.

Das betraf sowohl unfertige Einheiten in den Werften, als auch Schiffe in den Stützpunkten. Die im Ostseeraum im Bau befindlichen, als Kriegsauftrag georderten U-Boot-Klassen B 1, V 1-7, G 1-28 und Z 1-4 wurden 1917/18 storniert, die begonnen Teile abgewrackt. Das betraf auch die 1912 georderten Boote ›FOREL'‹ und ›YAZ‹.
Dagegen kamen die als Kriegsauftrag mit aus Kanada geliefertem Material am Schwarzen Meer im Bau befindlichen Boote ›A.G. 23 – A.G. 26‹ als ›A 1-4‹ in Dienst.
Das versenkte Boot ›A.G. 21‹ ist als ›A 5‹ wiederverwendet worden. Von 1921 bis 1923 ist aufgrund des schlechten Zustandes – wie oben bereits erwähnt – altes Schiffsmaterial ausgemustert und nach und nach abgebrochen worden. Das war zweifelsohne eine sehr energische, aber notwendige Maßnahme.

Das AG-Boot ›A.G. 26‹ als ›POLITRABOTNIK‹ in den 20er Jahren.

Boot der DEKABRIST-Klasse in Paradeaufstellung.

Abriss des U-Bootbaues und des U-Bootbestandes in Russland und der UdSSR

Die aus der alten zaristischen Flotte reaktivierten und fertiggestellten U-Boote ergaben Mitte der zwanziger Jahre folgendes Bild:

Baltische Flotte: 10 Boote		
РАБОЧИЙ ›RABOCHIY‹	ERSH-Klasse	ehem. ЕРШ ›ERSH‹
ПРОЛЕТАРИЙ ›PROLETARIY‹	BARS-Klasse	ehem. ЗМЕЯ ›ZMEYA‹
КРАСНОФЛОТЕЦ ›KRASNOFLOTETS‹	BARS-Klasse	ehem. ЯГУАР ›YAGUAR‹
КОММУНАР ›KOMMUNAR‹	BARS-Klasse	ehem. ТИГР ›TIGR‹
БОЛЬШЕВИК ›BOL'SHEVIK‹	BARS-Klasse	ehem. РЫСЬ ›PYS'‹
БАТРАК ›BATRAK‹	BARS-Klasse	ehem. ВОЛК ›VOLK‹
КОМИССАР ›KOMISSAR‹	BARS-Klasse	ehem. ПАНТЕРА ›PANTERA‹
КРАСНОАРМЕЕЦ ›KRASNOARMEETS‹	BARS-Klasse	ehem. ЛЕОПАРД ›LEOPARD‹
Schwarzmeerflotte: 6 Boote		
A 5 ›A 5‹ МЕТАЛЛИСТ ›METALLIST‹	AG-Klasse	ehem. А.Г. 21 ›A.G. 21‹
A 1 ›A 1‹ ШАХТЁР ›SHAKHTER‹	AG-Klasse	ehem. А.Г. 23 ›A.G. 23‹
A 2 ›A 2‹ КОММУНИСТ ›KOMMUNIST‹	AG-Klasse	ehem. А.Г. 24 ›A.G. 24‹
A 3 ›A 3‹ КАМЕНЕВ ›KAMENEV‹ später МАРКСИСТ ›MARKSIST‹	AG-Klasse	ehem. А.Г. 25 ›A.G. 25‹
A 4 ›A 4‹ ПОЛИТРАБОТНИК ›POLITRABOTNIK‹	AG-Klasse	ehem. А.Г. 26 ›A.G. 26‹
ПОЛИТРУК ›POLITRUK‹	MORZH-Klasse	ehem. НЕРПА ›NERPA‹

Mitte der 20er Jahre begann man über ein Marinebauprogramm zu diskutieren, welches im Dezember 1926 beschlossen werden sollte. Im Zuge dessen sollten neben Überwasserschiffen zwölf U-Boote gebaut werden.
Dieser Plan erwies sich aber wegen der fehlenden materiellen Kapazitäten als nicht durchführbar. So kam bis November 1928 lediglich ein einziges der neuen U-Boote der D-Klasse (DEKABRIST-Klasse, Serie I) zu Wasser. Die entscheidenden Weichen für die materielle Basis der Wiederaufrüstung sind auf dem XIV. und XV. Parteitag der KPdSU(B) gestellt worden. Die Wiederherstellung der industriellen Kapazitäten und der erste Fünfjahrplan schufen die Voraussetzungen für den Aufbau der Flotte. Die o.g. zwölf U-Boote kamen letztlich in zwei Serien in Dienst.

Memorial mit dem Boot ›D-2‹.

Abriss des U-Bootbaues und des U-Bootbestandes in Russland und der UdSSR

Riss eines U-Bootes der LENINETS-Klasse.

Von der D-Klasse (DEKABRIST-Klasse, Serie I) sind drei Boote in Leningrad für die Baltische Flotte gebaut worden (›DEKABRIST‹, ›KRASNOGVARDEEZ‹, ›NARODOVOLETS‹), während in Nikolayev die restlichen Boote für die Schwarzmeerflotte vom Stapel liefen (›REVOLYUTSIONER‹, ›SPARTAOKOVETS‹, ›YAKOBINETS‹). Baumängel machten spätere Umbauten erforderlich. Die Ostseeboote sind 1933 in die Nordflotte verlegt worden.
Die zweiten sechs stellten die Boote der L-Klasse (LENINETS-Klasse, Serie II) dar ›LENINETS‹, ›STALINETS‹, ›FRUNSEVETS‹, ›GARIBAL'DIETS‹, ›CHARTIST‹, ›KARBONARIY‹). Dieser Entwurf ist durch die Konstruktion des versenkten und später gehobenen britischen U-Bootes ›L-55‹ beeinflusst worden. Die L-Klasse konnte auch Minen einsetzen.

Im Rahmen des ersten Fünfjahrplanes sind bei weitem nicht alle Vorgaben erfüllt bzw. begonnen worden. Am 04. Februar 1929 trat daher an Stelle des bisherigen ein neues, auf nur fünf Jahre befristetes, Programm. Dieses schloss die 1926 vorgesehenen Einheiten ein, dazu enthielt es noch:

- 3(+1) mittlere U-Boote der SHCH-Klasse (SHCHUKA-Klasse, Serie III)
- 3 große U-Boote der P-Klasse (PRAVDA-Klasse, Serie IV)
- 4 kleine U-Boote der M-Klasse (MALYUTKA-Klasse, Serie VI)

Die ersten Einheiten des Programms waren die Boote der SHCHUKA-Klasse, Serie III, mit den Booten ›SHCH 301-304‹ (›SHCHUKA‹, ›OKUN'‹, ›ERSH‹ und – später – die ›KOMSOMOLETS'‹). Diese Boote mittlerer Größe dienten als Ersatz für die alten Boote der BARS-Klasse und der AG-Klasse. Ursprünglich sollten nur drei Einheiten zu Wasser kommen, durch Spenden öffentlicher Einrichtungen konnte die Serie aber um ein viertes Boot erweitert werden.
Speziell für die Unterstützung der Überwasserkräfte bei Fernunternehmungen sind drei Boote der PRAVDA-Klasse, Serie IV, gefertigt worden: ›PRAVDA‹ ›P1‹, ›ZVEZDA‹ ›P2‹ und ›ISKRA‹ ›P3‹.
Diese erwiesen sich allerdings als nicht sehr gelungen. Die erwartete Geschwindigkeit wurde zu keiner Zeit erreicht, die zu geringe Tauchtiefe von 50 m machten umfangreiche Veränderungen am Druckkörper erforderlich. Sie konnte letztlich auf maximal 75 m gesteigert werden.

Anfang der 30er Jahre wurde eine Aufstockung des Programms beschlossen, um die in Fernost klaffende Lücke an See-Einsatzkräften schließen zu können. Speziell für die Bedingungen des Pazifiks gefertigt und als schnell zu bauendes Gegengewicht zur Japanischen Marine gedacht, erfolgte der Zulauf einer ersten Serie kleiner Küsten-U-Boote der MALYUTKA-Klasse, Serie VI, (M stand für МАЛЮТКА, sinngemäß für ›klein‹). Zuerst sind vier Boote geplant worden, später kamen dann aber ab 1932 insgesamt 30 Boote der ersten Bauserie in der Ural-Maschinenfabrik ›Sverdlovsk‹

6 DEKABRIST Serie I (1931)

Verdrängung Ü/U:	932/1353 t
L/B/T:	78,2/7,0/3,8 m
Leistung Maschine:	2x1625 PS
Geschwindigkeit Ü/U:	14,3/8,7 kn
Fahrbereich Ü/U:	8950/150 sm
Besatzung:	78 Mann
Tauchtiefe :	75 m
Bewaffnung:	6x533 mm-TR Bug, 2x533 mm-TR Heck, 14 Torpedos, 1x10 cm, 1x4,5 cm, 1-MG

4 SHCHUKA Serie III (1933)

Verdrängung Ü/U:	578/704 t
L/B/T:	58,7/6,4/3,7 m
Leistung Maschine:	2x1085 PS
Geschwindigkeit Ü/U:	14,0/8,5 kn
Fahrbereich Ü/U:	3250/110 sm
Besatzung:	52 Mann
Tauchtiefe:	90 m
Bewaffnung:	4x533 mm-TR Bug, 2x533 mm-TR Heck, 10 Torpedos, 1x4,5 cm, 2 MG

6 LENINETS Serie II (1933)

Verdrängung Ü/U:	1040/1335 t
L/B/T:	81,0/6,6/4,2 m
Leistung Maschine:	2x1635 PS
Geschwindigkeit Ü/U:	13,8/8,4 kn
Fahrbereich Ü/U:	7400/100 sm
Besatzung:	52 Mann
Tauchtiefe:	75 m
Bewaffnung:	6x533 mm-TR Bug, 2x533 mm-TR Heck, 12 Torpedos, 18-30 Minen, 1x10 cm, 1x4,5 cm

30 MALYUTKA Serie VI (1934)

Verdrängung Ü/U:	161/201 t
L/B/T:	37,8/3,1/2,8 m
Leistung Maschine:	1x925 PS
Geschwindigkeit Ü/U:	13,0/6,0 kn
Fahrbereich Ü/U:	1600/6,0 sm
Besatzung:	16 Mann
Tauchtiefe:	60 m
Bewaffnung:	2x533 mm-TR Bug, 2 Torpedos, 1x4,5 cm

3 PRAVDA Serie IV (1936)

Verdrängung Ü/U:	1200/1870 t
L/B/T:	90,0/8,0/3,1 m
Leistung Maschine:	2x3200 PS
Geschwindigkeit Ü/U:	18,3/7,7 kn
Fahrbereich Ü/U:	8500/70 sm
Besatzung:	56 Mann
Tauchtiefe:	60 m
Bewaffnung:	4x533 mm-TR Bug, 2x533 mm-TR Heck, 10 Torpedos, 2x10 cm, 1x4,5 cm

41+9 STALINETS Serie IX (1936/39)

Verdrängung Ü/U:	850/1070 t
L/B/T:	77,7/4,2/4,2 m
Leistung Maschine:	2x2550 PS
Geschwindigkeit Ü/U:	19,5/9,0 kn
Fahrbereich Ü/U:	9800/148 sm
Besatzung:	60 Mann
Tauchtiefe:	100 m
Bewaffnung:	4x533 mm-TR Bug, 2x533 mm-TR Heck, 12 Torpedos, 1x10 cm, 1x4,5 cm

(dt. Jekaterinburg) auf die Helgen. Die Indienststellung erfolgte 1934-35. Die Leistungsfähigkeit der Boote gestattete aber nur den Einsatz im engeren Küstenvorfeld.

Nach dem o.g. Bau der vier Boote der SHCHUKA-Klasse, Serie III, sind Pläne für drei weitere, verbesserte Serien in Angriff genommen worden.
Es kamen zwölf Boote der SHCHUKA-II-Klasse, Serie V, 13 Boote der SHCHUKA-II-Klasse, Serie V BIS-1 (ursprünglich als Serie VIII bezeichnet) und 14 Boote der SHCHUKA-II-Klasse, Serie V BIS-2, in den Flottendienst.
Das 1929 beschlossene Programm wurde unbeschadet des Programms von 1926 als das ›Erste Bauprogramm‹ bezeichnet.

Einen nicht geringen Einfluss auf die Entwicklung und die Mobilität der Flotten hatte die Eröffnung des Stalin-Kanals zwischen der Ostsee und dem Weißen Meer am 02.09.1933. Über diese Binnenwasserstrasse konnten nun umfangreiche Schiffs- und Bootsbewegungen erfolgen – unbeobachtet von möglichen Gegnern.

Desweiteren sind die Schiffbaukapazitäten des Binnenlandes für die Marine nutzbar gemacht worden. Das führte zu späterer Zeit soweit, dass Schiffe bis Fregattengröße und große (aber nicht voll ausgerüstete) U-Boote über die inneren Seegewässer an die Küsten verbracht wurden. Unmittelbar nach Eröffnung des Kanals sind drei Zerstörer in die neue Nordmeerflotte überführt worden.

Anlässlich der Abrüstungskonferenz des Völkerbundes in Genf wurden 1931 erstmals konkrete Zahlen über die sowjetischen aktiven Flottenkräfte bekannt: 3 Schlachtschiffe, 2 aktive Kreuzer, 2 überalterte Schulkreuzer, 17 Zerstörer und 16 U-Boote. 1932 ist das ›Zweite Fünfjahresprogramm‹ mit einer Laufzeit bis 1937 beschlossen worden. Es beinhaltete die Zielvorgaben für den U-Bootbau mit 138 Booten unterschiedlicher Klassen. Neben der Fortführung bestehender Serien sind auch neue Projekte umgesetzt worden. Die fortschreitende Industrialisierung des Landes machten die Vorgaben durchaus realistisch.

Auf den U-Bootswerften liefen bis Kriegsbeginn 1941 in rascher Folge Boot auf Boot vom Stapel.

Für die Baltische Flotte entstanden:
- 1934-36: 18 Boote ›SHCH 312-329‹
- 1934-36: 16 Boote ›M 71-86‹
- 1934-40: 9 Boote ›S 1-9‹
- 1936-39: 11 Boote ›M 87-97‹
- 1937-41: 1 Boot ›S 92‹, Boot mit Versuchs-Antriebsanlage

Die Einheiten der S-Klasse (STALINETS-Klasse, Serie IX) fußten auf dem von Deutschland der UdSSR überlassenen Entwurf vom IvS (N. V. Ingenieurskaantor voor Scheepsbouw, Holland). Die ersten Boote trugen die Kennung ›N‹ (als Synonym für ›NEMKA‹, also ›Deutsches Mädchen‹ – ein Hinweis auf die Herkunft der Konstruktion):

Für die Schwarzmeerflotte entstanden:
- 1934-38: 9 Boote ›SHCH 207-215‹
- 1937-39: 7 Boote ›M 30-36‹
- 1934-36: 4 Boote ›M 53-56‹
- 1937-41: 3 Boote ›S 31-33‹

Für die Pazifikflotte entstanden:
- 1933-39: 13 Boote ›L 7-19‹
- 1935-41: 5 Boote ›S 51-56‹

Somit sind in den Jahren 1933-37 120 U-Boote auf Kiel gelegt und – bei den kleineren Einheiten – auch fertiggestellt worden.

Abriss des U-Bootbaues und des U-Bootbestandes in Russland und der UdSSR

Ein Boot der SHCHUKA-Klasse beim Auslaufen.

Küsten-U-Boot der MALYUTKA-Klasse.

Abriss des U-Bootbaues und des U-Bootbestandes in Russland und der UdSSR

Das ›Dritte Fünfjahresprogramm‹ 1938-1942 ließ das Ziel einer ozeanischen Ausrichtung der Flottenkräfte der UdSSR deutlich werden. Neben dem Bau von Großkampfschiffen (Schlachtschiffe der SOVETSKIY-SOYUZ-Klasse, schwere Kreuzer der KRONSTAT-Klasse) und Flugzeugträgern ist eine Steigerung der U-Boot-Produktion vorgesehen worden.

Die Planungen bis zum 01.01.1943 sahen folgenden U-Boot-Bestand vor:

■ 6	Д ›D‹-Klasse	DEKABRIST-Klasse	Serie I
■ 3	П ›P‹-Klasse	PRAVDA-Klasse	Serie IV
■ 25	Л ›L‹-Klasse	LENINETS-Klasse	Serie XI, XIII
■ 52	С ›S‹-Klasse	STALINETS-Klasse	Serie IX, IX BIS
■ 109	Щ ›SHCH‹-Klasse	SHCHUKA-Klasse	Serie X, X BIS
■ 134	М ›M‹-Klasse	MALYUTKA-Klasse	Serie VII
■ 12	К ›K‹-Klasse	KRASNOGVARDEETS-Klasse	Serie XIV, U-Kreuzer

Im Finnischen Winterkrieg 1940 setzte die UdSSR ihre Flotte gegen die aussichtslos unterlegenen finnischen Seestreitkräfte und die Küstenbefestigungen ein. Trotz zahlenmäßiger Überlegenheit vermochten die Russen den Gegner weder zu blockieren noch die Küstenstellung niederzuringen oder Seelandungen zur Unterstützung der Landstreitkräfte durchzuführen. An Verlusten hatte die Baltische Flotte ein U-Boot zu beklagen, die ›S-2‹ lief am 02.01.1940 auf eine Mine und sank. Im Verlaufe des Jahres 1940 erfolgte die Annexion der Baltischen Republiken Estland, Lettland und Litauen. Dieses brachte nicht nur eine Verbesserung der strategischen Situation im Baltikum durch die Nutzung von Marinestützpunkten, sondern auch einen Zugewinn durch die Übernahme von Schiffen, Booten und Technik. Von Lettland sind die beiden U-Boote ›RONIS‹ und ›SPIDOLA‹ übernommen worden, von Estland ebenfalls zwei Boote, die ›KALEV‹ und die ›LEMBIT‹.

Das estländische U-Boot ›KALEV‹.

Geplant war somit der Bau von isgesamt 341 U-Boote. Dieses anspruchsvolle Programm hätte die UdSSR in die Spitzengruppe der großen Seemächte – trotz der notwendigen Verteilung auf vier Flotten – gebracht.

Tatsächlich kamen aber, trotz erstaunlichem Anfangstempos, nur eine begrenzte Anzahl der o.g. Boote in Fahrt, nach Kriegsbeginn verringerte sich der Zulauf rapide. Tatsächlich auf Kiel gelegt wurden ab 1938: 5 Boote der LENINETS-Klasse (Serie XI), 24 Boote der SHCHUKA-Klasse (Serie X, X BIS), 25 Boote der MALYUTKA-Klasse (Serien VI bis und VII), 32 Boote der STALINETS-Klasse (Serie IX BIS), 12 U-Kreuzer der KRASNOGVARDEETS-Klasse (Serie XIV).
Als Besonderheit sind die Kleinst-U-Boote der PIGMEY-Klasse zu werten. Eines der Boote fiel deutschen Streitkräften bei der Eroberung der Schwarzmeerhäfen in die Hände. Es konnte zwei seitlich am Rumpf befestigte Torpedos befördern.

Die ›D-2‹ in See.

Rückwirkend betrachtet war der über zwanzig Jahre dauernde Flottenaufbau der UdSSR von 1921 bis 1941 eine beachtenswerte Leistung. Es sollte die Tatsache berücksichtigt werden, dass die Flotte in all ihren Bestandteilen neu geschaffen werden musste, ebenso wie die Industrie und die maritime Infrastruktur.
Die rudimentären Reste der alten Zarenflotte befanden sich 1921 im gleichen desolaten Zustand wie die industriellen Kapazitäten und die gesamte staatliche Organisation.

Innerpolitische Machtkämpfe erschwerten die Arbeit ebenso wie der parallel laufende Aufbau einer Armee und Luftwaffe, die den Ansprüchen einer großen Kontinentalmacht genügten und die gegenüber der Flotte immer eindeutig Priorität besaßen.

Abgesehen von der Fertigstellung bzw. Reaktivierung alter Boote sind in den Jahren 1928 – 1941 297 U-Boote auf Kiel gelegt oder übernommen worden (Tabelle rechts).

Das estländische U-Boot ›LEMBIT‹.

Das hieß, am Vorabend des ›Großen Vaterländischen Krieges‹ besaß die Sowjetunion eine der zahlenmäßig stärksten U-Bootflotten. Die Marine der UdSSR ist aber, wie die Flotten vor ihr 1904/05 und 1914/18, mitten in einer Aufbau- und Konsolidierungsphase in den Krieg eingetreten. Sie war noch ein unausgewogener Torso und unerfahren in großen seetaktischen und seestrategischen Operationen.

Vom großen Ziel Stalins, der Schaffung einer ozeanischen Marine, war die Rote Flotte noch weit entfernt.

Abriss des U-Bootbaues und des U-Bootbestandes in Russland und der UdSSR

Bis zum 22.06.1941 wurden letztlich 218 Boote in Dienst gestellt (bzw. befanden sich kurz vor Abschluss der Erprobungsphase):

■	6	D-Klasse	DEKABRIST-Klasse	Serie I
■	3	P-Klasse	PRAVDA-Klasse	Serie IV
■	19	L-Klasse	LENINETS-Klasse	Serie XI, XIII
■	18	S-Klasse	STALINETS-Klasse	Serie IX, IX BIS
■	81	SHCH-Klasse	SHCHUKA-Klasse	Serie X, X BIS
■	81	M-Klasse	MALYUTKA-Klasse	Serie VII
■	6	K-Klasse	KRASNOGVARDEETS-Klasse	Serie XIV, U-Kreuzer
■	4	Übernahmen ›RONIS‹, ›SPIDOLA‹ (ehem. Lettland); ›KALEV‹, ›LEMBIT‹ (ehem. Estland)		

Am Vorabend des schicksalhaften Tages – dem 22.06.1941 – ließ der damalige Flottenchef Volkskommissar Kuznezov die Alarmstufe 1 für die Baltische Flotte auslösen. Schon Tage vorher, am 19.06.1941, hatte er Alarmstufe 2 befohlen. Damit begegnete die Marine als einzige Teilstreitkraft dem Angriff der Deutschen Wehrmacht in gefechtsbereitem Zustand. Es lässt sich aber nicht verleugnen, dass der Krieg auch für die Flotte trotz allem überraschend kam. Die Logistik, die Kommunikation, das durch die Repressionen und Säuberungen 1937/38 ausgedünnte Offizierskorps, die Verbandsausbildung zeigten Schwächen, die praktisch bis Kriegsende nicht abgebaut werden konnten. Hinzu kam, dass durch die Eroberung bzw. der Blockaden der Werften im Schwarzen Meer und an der Ostsee viele der im Bau befindlichen Schlachtschiffe, Schweren Kreuzer, Kreuzer und U-Boote mit Beginn der Kampfhandlungen stillgelegt werden mussten. Einige der aus den bedrohten Werfträumen rechtzeitig verholten Neubauten konnten an sicheren Plätzen fertiggestellt werden.

Ein Boot der KRASNOGVARDEETS-Klasse.

So kamen bis 1945 6 Boote der LENINETS-Klasse (Serie XIII BIS), 15 der STALINETS-Klasse (Serie IX BIS), 7 der SHCHUKA-Klasse (Serie X BIS), 18 der MALYUTKA-Klasse (Serie VII), 4 der MALYUTKA-Klasse (Serie XV) und 5 der KRASNOGVARDEETS-Klasse (Serie XIV) in Dienst.

Abriss des U-Bootbaues und des U-Bootbestandes in Russland und der UdSSR

Portrait von Admiral Kuznezov.

Die Kampfhandlungen der Flottenkräfte der Sowjetunion im Zweiten Weltkrieg zu schildern, mag der Fachliteratur vorbehalten bleiben. Wie im Ersten Weltkrieg wurde die Marine auch jetzt primär für die Unterstützung des Heeres im Küstenbereich und für die Durchführung und Sicherung von Transportaufgaben eingesetzt. Für die Frontkämpfe hatten die einzelnen Flotten, trotz einiger wagemutiger Einzelleistungen, mit Ausnahme der Nordflotte kaum strategischen Einfluss. Als herausragende Aktionen wären u.a. zu nennen: die Fahrten der Ostseeboote trotz der fast vollständigen Abriegelung des Finnischen Meerbusens mit einem Netzsystem (›Nashorn-‹ und ›Walrosssperre‹) in die Ostsee, die Evakuierungs- und Versorgungsfahrten für das eingeschlossene Sevastopol und taktische Seelandungen im Schwarzen Meer sowie die Überführung von mehreren U-Booten von der Pazifikflotte via Panamakanal zur Nordflotte[7].

Einen besonderen Status im Kriegsgeschehen nahm im Laufe des Krieges die Nordflotte ein. Sie war die einzige der vier Roten Flotten und Flottillen, die einen ungehinderten Ozeanzugang, eisfreie Häfen und eine ununterbrochene Anbindung an das Hinterland besaß (Murmanskbahn). Damit kam der Nordflotte strategische Bedeutung zu, als mehr und mehr alliierte Versorgungs- und Hilfskonvois die Häfen Archangelsk und Murmansk ansteuerten.
Zur Verstärkung sind neben den o.g. U-Booten vier britische Boote der URSULA-Klasse von der Royal Navy im Rahmen des Lend-Lease-Abkommens übernommen worden (›URSULA‹ russ. ›V-4‹, ›UNBROKEN‹ ehem. ›P42‹, russ. ›V-2‹, ›UNISON‹ ehem. ›P43‹, russ. ›V-3‹). Bei der Überführung ging das vierte Boot, die ›SUNFISH‹, russ. ›V-1‹, nördlich der Shettland-Inseln am 27.07.1944 verloren. Es wurde irrtümlich durch englische Flugzeuge angegriffen und versenkt.

Die 1943 von Stalin getroffene Entscheidung – nach einigen Schiffsverlusten im Schwarzen Meer – größere Fahrzeuge ab Zerstörer nur mit seiner persönlichen Genehmigung einzusetzen und die Entscheidung des Oberkommandos vom Sommer 1944, die großen Einheiten der Flotte generell zurückzuhalten, kann aus heutiger Sicht als durchaus sinnvoll bezeichnet werden.

Das Kriegsergebnis war absehbar, man wollte einen Grundstock an Schiffen der verfügbaren Hauptklassen für die Nachkriegsperiode bewahren.

Bei den Operationen 1945 gegen die japanischen Streitkräfte in Korea, Sachalin und den Kurilen kamen bis auf wenige Ausnahmen hauptsächlich Schiffseinheiten aus dem Lend-Lease-Abkommen zum Einsatz; die eigenen modernen Schiffe und Boote wurden geschont. Stalin erkannte, dass die Sowjetunion nach dem Krieg mit den beiden größten Seemächten konfrontiert werden würde. Er sollte recht behalten.

Zwei besonders tragische Ereignisse geschahen in den ersten Monaten des Jahres 1945. Die Besatzung des U-Bootes ›S-13‹ unter dem Kommando von Korvettenkapitän A. Marinesko feuerte am 30. Januar 1945 einen Dreier-Torpedofächer auf das deutsche Hospitalschiff ›WILHELM GUSTLOFF‹ (ehemaliges KdF-Fahrgastschiff, 25.484 BRT).
Dieses fuhr, voll besetzt mit Flüchtlingen und Wehrmachtsangehörigen, aus Gotenhafen in der Danziger Bucht in Richtung Stettin. Unweit der Stolpe-Bank trafen die Torpedos in ihr Ziel. Die ›WILHELM GUSTLOFF‹ sank innerhalb von 50 Minuten und riss 5000 bis 7000 Menschen mit in den Tod.
Nur wenige Tage später, am 10. Februar 1945, versenkte wiederum ›S-13‹ das Fahrgastschiff ›STEUBEN‹ (14.660 BRT), ebenfalls besetzt mit Flüchtlingen nur wenige Seemeilen weiter westlich der Untergangsstelle der ›WILHELM GUSTLOFF‹.
Die Perversion des Krieges – am 20. April 1945 wurde dem U-Boot der Rotbannerorden verliehen...

7 Es handelte sich hierbei um die Boote ›L-15‹ und ›L-16‹, die am 26.09.1942 aus Vladivostok ausliefen. Ihnen folgten am 15. bzw. 18.10.1942 aus Petropavlovsk die ›S-51‹ und ›S-54‹ bis ›S-56‹.
›L-16‹ ist irrtümlich am 11.10.1942 vor der US-Küste (Oregon) vom dort lauernden japanischen U-Boot ›J25‹ versenkt worden. Die anderen erreichten ihr Ziel.

Die Verluste und Ausmusterungen von 1941–1945 sind mit ca. 100 U-Booten beziffert und betrafen sowohl Boote in Dienst als auch Boote im Bau (Angaben sind z.T. immer noch unvollständig; die Quellen widersprechen sich teilweise).

Jahr/Flotte	Datum	Kennung	Ursache	Ort
1941:				
Baltische Flotte	23.06.	С-3	dt. S-Boot S35	bei Libau/Steinort
Baltische Flotte	24.06.	М-78	dt. U-Boot U-144	vor Windau
Baltische Flotte	24.06.	RONIS		selbstversenkt vor Libau
Baltische Flotte	24.06.	SPIDOLA	selbstversenkt	vor Libau
Baltische Flotte	24.06.	М-71	selbstversenkt	vor Libau
Baltische Flotte	24.06.	М-80	selbstversenkt	vor Libau
Baltische Flotte	24.06.	М-83	selbstversenkt	vor Libau
Baltische Flotte	24.06.	С-1	selbstversenkt	vor Libau
Baltische Flotte	25.06.	С-10	dt. S-Boote S59, S60	Irbenstrasse
Baltische Flotte	26.06.	С-43	vermtl. Mine	vor Dagö
Baltische Flotte	26.06.	С-106	vermtl. Mine	vor Dagö
Baltische Flotte	27.06.	М-73	ausgemustert	Kronstadt
Baltische Flotte	27.06.	М-75	ausgemustert	Kronstadt
Baltische Flotte	28.06.	М-101	dt. U-Boot U-149	NW Dagö
Baltische Flotte	29.06.	М-99	Mine	NW Finnenbusen
Baltische Flotte	30.06.	М-72	Mine	Finnenbusen
Baltische Flotte	01.07.	М-81	vermtl. Mine / dt. U-Boot	Foonsund
Baltische Flotte	21.07.	М-94	dt. U-Boot U-140	Kap Ristna
Baltische Flotte	02.08.	С-11	Mine	Soelo-Sund
Schwarzmeerflotte	16.08.	С-36	selbstversenkt	Nikolayev
Schwarzmeerflotte	16.08.	С-37	selbstversenkt	Nikolayev
Baltische Flotte	27.08.	Щ-301	Mine	N von Reval
Baltische Flotte	28.08.	М-103	Mine	Kap Yuminda
Baltische Flotte	28.08.	С-6	dt. Flugzeuge	Tagga-Bucht
Schwarzmeerflotte	28.08.	Л-25	Mine	unfertig im Schlepp
Baltische Flotte	17.08.	П-1	Mine	bei Hankö
Baltische Flotte	23.09.	М-74	dt. Flugzeuge	Kronstadt (vermutlich gehoben)
Baltische Flotte	28.08.	Щ-206	Mine	bei Suolina
Baltische Flotte	28.08.	Щ-319	Mine	Finnenbusen
Baltische Flotte	21.10.	С-8	Mine	bei Suursaari
Baltische Flotte	31.10.	Л-1	dt. Artillerie	Leningrad
Schwarzmeerflotte	12.11.	Д-6	dt. Flugzeuge	Sevastopol, gehoben
Schwarzmeerflotte	12.11.	С-34	Mine	vor Burgas
Baltische Flotte	14.11.	Л-2	Mine	Finnenbusen
Schwarzmeerflotte	16.11.	Щ-211	Mine	Bulgarische Küste
Baltische Flotte	27.11.	Щ-324	Mine	SW Hankö
Baltische Flotte	27.11.	›KALEV‹	Mine	S Hankö
Baltische Flotte	27.11.	М-98	Mine	W Finnenbusen
Schwarzmeerflotte	27.11.	М-34	(?)	W Schwarzes Meer
Baltische Flotte	27.11.	Щ-322	vermtl. Mine	W Finnenbusen
Schwarzmeerflotte	12.12.	Д-6	dt. Flugzeuge	Sevastopol, im Dock
Schwarzmeerflotte	18.12.	М-59	Mine	Kap Sablya
Schwarzmeerflotte	28.12.	Щ-204	Mine	vor bulg. Küste
1942:				
Nordmeerflotte	10.01.	М-175	dt. U-584	vor Fischerhalbinsel
Schwarzmeerflotte	13.03.	Щ-210	dt. Flugzeuge	vor der Krim
Nordmeerflotte	09.04.	Щ-421	Mine / selbstversenkt	Nordmeer
Nordmeerflotte	24.04.	Щ-401	dt. U-Jäger	Tanafjord
Nordmeerflotte	12.05.	К-23	dt. U-Jäger	Nordmeer
Baltische Flotte	15.06.	М-95	Mine	O Suursaari
Schwarzmeerflotte	19.06.	Щ-214	ital. MAS 571	Kap Aitodor
Schwarzmeerflotte	26.06.	С-32	ital. Boot CB-9	O Feodosia
Nordmeerflotte	30.06.	М-176	Mine	vor Varangerfjord
Baltische Flotte	12.07.	Щ-317	dt. U-Jäger	W Suursaari
Schwarzmeerflotte	12.07.	Щ-213	dt. Flugzeuge	vor Sotschi
Nordmeerflotte	30.07.	Д-3	Mine	vor Norwegen
Baltische Flotte	14.08.	М-97	Mine	W Lavansaari
Baltische Flotte	21.08.	Щ-405	eigene Mine	vor Seiskari

Jahr/Flotte	Datum	Kennung	Ursache	Ort	
1942 (Fortsetzung)					
Nordmeerflotte	24.08.	M-173	dt. U-Jäger	vor Baasfjord	
Schwarzmeerflotte	24.08.	M-33	Mine	vor Odessa	
Nordmeerflotte	30.08.	K-2	vermtl. Mine	Nordmeer	
Schwarzmeerflotte	30.08.	Щ-208	dt. Flugzeuge	vor Sotschi	
Schwarzmeerflotte	27.09.	M-60	Mine	vor Odessa	
Schwarzmeerflotte	30.09.	M-58	(?)	Schwarzes Meer	
Schwarzmeerflotte	01.10.	M-118	rumän. MBt.*	Bei Budaki	*rumän. Motorboot
Schwarzmeerflotte	02.10.	M-31	dt. Flugzeug	Kap Takil	
Pazifikflotte	11.10.	Л-16	irrtüml. jap. U-Boot	W La Perousestrasse	
Baltische Flotte	13.10.	Щ-302	dt. Flugzeug + Mine	N Tüttersaari	
Baltische Flotte	15.10.	Щ-311	finn. U-Jäger	S Tiiskeri	
Baltische Flotte	21.10.	C-7	finn. U-Boot	NO Söderarm	
Baltische Flotte	21.10.	C-8	Mine	vor Suusaari	
Baltische Flotte	31.10.	Щ-308	Mine	Finnenbusen	
Baltische Flotte	05.11.	Щ-305	finn. U-Boote	Aalandsee	
Nordmeerflotte	(?)	M-121	Mine	vor norw. Küste	
Baltische Flotte	(?)	Щ-304	vermtl. Mine	Finnenbusen	
Baltische Flotte	(?)	Щ-306	vermtl. Mine	Finnenbusen	
Baltische Flotte	(?)	Щ-322	vermtl. Mine	Finnenbusen	
Baltische Flotte	17.12.	Щ-212	dt. U-Jäger	vor Sulina	
Schwarzmeerflotte	24.12.	Л-24	Mine	Kaukasusküste	
Baltische Flotte	(?)	Щ-404	Mine	Finnenbusen	
1943					
Nordmeerflotte	07.02.	K-22	Mine	Polarküste	
Schwarzmeerflotte	13.03.	C-210	dt. Flugzeuge	vor der Krim	
Nordmeerflotte	21.03.	K-3	dt. U-Jäger	vor Batsfjord	
Schwarzmeeflotte	(?)	M-120	irrtüml. sowjet. U-Jäger	Kaukasusküste	
Baltische Flotte	01.05.	Щ-323	Mine	vor Kronstadt	
Nordmeerflotte	14.05.	M-122	vermtl. Mine	Polarküste	
Baltische Flotte	26.05.	Щ-408	dt. M-Boot	S Kerti	
Nordmeerflotte	(?)	C-54	(?)	Barentsee	
Baltische Flotte	01.06.	Щ-406	dt. MFP	W Vaindlo	
Nordmeerflotte	05.07.	M-106	dt. U-Jäger	bei Vardö	
Nordmeerflotte	15.07.	M-(?)	Mine	Polarküste	
Nordmeerflotte	(?).07.	Щ-422	Mine	Nordmeer	
Baltische Flotte	15.08.	C-12	dt. U-Jäger	Finnenbusen	
Baltische Flotte	05.09.	C-9	dt. U-Jäger	Finnenbusen	
Schwarzmeerflotte	11.09.	M-36	dt. U-Jäger	vor Sevastopol	
Schwarzmeerflotte	22.09.	M-51	Unfall, gehoben	vor Otchamtchira	
Nordmeerflotte	(?)	K-1	vermtl. Mine	Novaya Semlya	
Schwarzmeerflotte	(?)	Щ-203	Mine	Schwarzes Meer	
Nordmeerflotte	(?)	M-172	vermtl. Mine	Polarküste	
Nordmeerflotte	(?)	Щ-403	vermtl. Mine	Polarküste	
Schwarzmeerflotte	04.11.	A 3	dt. Schiff 19	vor Tendra	
Nordmeerflotte	(?)	C-55	Mine	Polarküste	
Nordmeerflotte	(?)	M-174	vermtl. Mine	Polarküste	
Schwarzmeerflotte	04.12.	Д-4	dt. U-Jäger	Kap Tarchankut	
Nordmeerflotte	(?)	C-(?)	(?)	Barentsee	
1944					
Schwarzmeerflotte	17.01.	Л-23	dt. U-Jäger	W Krim	
Schwarzmeerflotte	17.02.	Щ-216	dt. U-Jäger	Kap Tarchankut	
Schwarzmeerflotte	18.04.	Л-6	dt. U-Jäger	vor Konstanza	
Nordmeerflotte	(?).04.	M-108	(?)	vor norw. Küste	
Nordmeerflotte	(?)	C-54	vermtl. Mine	vor norw. Küste	
Baltische Flotte	06.09.	M-96	Mine	vor Narva	
Nordmeerflotte	21.09.	Щ-402	irrtüml. sowjet. Flzg.	Barentsee	
1945					
Baltische Flotte	06.01.	C-4	dt. Torpedoboote	Danziger Bucht	
Pazifikflotte	(?)	Л-10	Mine	Kurilen	

Während des Krieges sind einige Boote ausgemustert worden. Dieses erfolgte aus Altersgründen, wegen Gefechtsbeschädigungen oder Hebungen von gesunkenen Booten, die nicht mehr als verwendbar eingeschätzt wurden. Ein Teil der Boote ist als schwimmende Ladestation eingesetzt worden: ›PZS - plavuchaya zaryadovaya stanziya‹.

Die Hauptschläge und gravierendsten Verluste hatten die Flotten in der Anfangsphase des Krieges zu erleiden. Interessant ist der hohe Anteil von Minentreffern im Ostsee und Schwarzmeerbereich. Insbesondere in der Ostsee gelang den Deutschen Streitkräften die wirkungsvolle passive Blockade der Baltischen Flotte. Nach der Abdrängung der Deutschen Kräfte von den Küsten des Schwarzen Meeres und der Ostsee ließen die Verluste spürbar nach. Anders die Aktivitäten in der Nordflotte. Bei der Fernsicherung von Geleiten und Einzel-Raids sind einige Erfolge in der Seekriegsführung zu verzeichnen gewesen. Die taktischen Leistungen im freien Seeraum bildeten den Grundstock für die Aktivitäten der heutigen Nordflotte.

Am Ende des ›Großen Vaterländischen Krieges‹ sah sich die UdSSR als einer der drei großen Siegermächte. Sie ist nach der Gründung der UNO als eines der fünf ständigen Mitglieder des Sicherheitsrates benannt worden. Das sowjetische Macht- und Einflussgebiet war im europäischen Raum erheblich nach Westen verschoben worden. Mit dem Hafenbereich von Pillau/Königsberg stand der Baltischen Flotte ein leistungsfähiger Stützpunkt zur Verfügung. In Asien sind bis in die 50er Jahre Gebiete in China und Korea für militärische Aufgaben genutzt worden.

Im Rahmen der Verteilung von Schiffsmaterial der besiegten Achsenmächte unter den Alliierten und des Pariser Friedensvertrages 1947 mit den ehemaligen Verbündeten Deutschlands erhielt die sowjetische Marine in den Jahren 1946/47 eine größere Anzahl von Kriegsschiffen zugesprochen.

Neben größeren, mittleren und kleinen Überwasserschiffen der Marinen Deutschlands, Italiens, Japans und Finnlands kamen an U-Booten in den Besitz der UdSSR: 10 deutsche: 4 vom Typ VII C, 1 vom Typ IX C, 1 vom Typ XXIII, 4 vom Typ XXI; 2 italienische: ›NICHELIO‹ und ›MAREA‹.

Abriss des U-Bootbaues und des U-Bootbestandes in Russland und der UdSSR

Der U-Boot-Bestand der sowjetischen Flotte 1945:

Baltische Flotte: 26 Boote		
1	Д-Klasse (DEKABRIST-Klasse, Serie I):	Д-2
1	Л-Klasse (LENINETS-Klasse, Serie II):	Л-3
1	Л-Klasse (LENINETS-Klasse, Serie XIII BIS):	Л-21
6	К-Klasse (KRASNOGVARDEETS-Klasse, Serie XIV:	К-51 bis К-56 (К-52 bis К-56 zur Nordflotte)
2	П-Klasse (PRAVDA-Klasse, Serie IV):	П-2, П-3
1	С-Klasse (STALINETS-Klasse, Serie IX):	С-13
1	Щ-Klasse (SHCHUKA-Klasse, Serie III):	Щ-303
3	Щ-Klasse (SHCHUKA-Klasse, Serie V):	Щ-307, Щ-309, Щ-310
4	Щ-Klasse (SHCHUKA-Klasse, Serie X):	Щ-318, Щ-407, Щ-409, Щ-412
3	М-Klasse (MALYUTKA-Klasse; Serie VI):	М-76, М-77, М-79
3	М-Klasse (MALYUTKA-Klasse; Serie XII):	М-90, М-92, М-102
Schwarzmeerflotte: 36 Boote		
2	А.Г.-Klasse (AG-Klasse):	А 2 (А.Г.-22), А 2? (А.Г.-24)
1	Д-Klasse (DEKABRIST-Klasse, Serie I):	Д-5
2	Л-Klasse (LENINETS-Klasse, Serie II):	Л-4, Л-5
2	С-Klasse (STALINETS-Klasse, Serie IX):	С-31, С-33
4	Щ-Klasse (SHCHUKA-Klasse, Serie V):	Щ-201, Щ-202, Щ-205, Щ-209
1	Щ-Klasse (SHCHUKA-Klasse, Serie X):	Щ-215
6	М-Klasse (MALYUTKA-Klasse; Serie VI):	М-51 bis М-56
16	М-Klasse (MALYUTKA-Klasse; Serie XII):	М-32, М-35, М-61 bis М-63, М-104, М-105, М-107, М-111, М-112 bis М-117, М-119
2	М-Klasse (MALYUTKA-Klasse; Serie XV):	М-202, М-203
Nordmeerflotte: 20 Boote		
3	Л-Klasse (LENINETS-Klasse, Serie XIII BIS):	Л-15, Л-20, Л-22
13	С-Klasse (STALINETS-Klasse, Serie IX/IX BIS):	С-15 bis С-20, С-51, С-56, С-101 bis С-104
1	К-Klasse (KRASNOGVARDEETS Klasse, Serie XIV):	К-21
1	М-Klasse (MALYUTKA-Klasse; Serie XII):	М-171
2	М-Klasse (MALYUTKA-Klasse; Serie XV):	М-200, М-201
Pazifikflotte: 86 Boote		
5	Л-Klasse (LENINETS-Klasse, Serie XI):	Л-7 bis Л-12
5	Л-Klasse (LENINETS-Klasse, Serie XIII BIS):	Л-13, Л-14, Л-17 BIS 19
3	С-Klasse (STALINETS-Klasse, Serie IX BIS):	С-52, С-53, С-57
25	Щ-Klasse (SHCHUKA-Klasse, Serie V):	Щ-101 bis Щ-125
16	Щ-Klasse (SHCHUKA-Klasse, Serie X):	Щ-126 bis Щ-141
31	М-Klasse (MALYUTKA-Klasse; Serie VI):	М-1 bis М-28, М-29, М-41, М-44
1	М-Klasse (MALYUTKA-Klasse; Serie XII):	М-30
Kaspiflottille: 1 Boot		
1	М-Klasse (MALYUTKA-Klasse; Serie XII):	М-101

Abriss des U-Bootbaues und des U-Bootbestandes in Russland und der UdSSR

Ein SSB der ZULU-V-Klasse mit zwei ballistischen Flugkörpern (FK) beim Einlaufen.

26 SS ZULU-Klasse (1953)

Verdrängung Ü/U:	1831/2400t
L/B/T:	90,5/7,5/5,1 m
Leistung Maschine:	3x2800PS
Geschwindigkeit Ü/U:	17/15kn
Fahrbereich Ü/U:	4230/442sm
Besatzung:	65 Mann
Tauchtiefe:	200m
Bewaffnung:	6xTR Bug, 4xTR Heck, 22 Reserve, 32 Minen

215+21 SS WHISKEY-Klasse (1951)

Verdrängung Ü/U:	1080/1350t
L/B/T:	76/6,3/4,6m
Leistung Maschine:	2x2700PS
Geschwindigkeit Ü/U:	18,2/13kn
Fahrbereich Ü/U:	8580/13sm
Besatzung:	52 Mann
Tauchtiefe:	-m
Bewaffnung:	4xTR Bug, 2xTR Heck, 12 Reserve, 24 Minen

21 SS QUEBEC-Klasse (1953)

Verdrängung Ü/U:	405/503,9t
L/B/T:	56.7/4,5/3,6m
Leistung Maschine:	3x1000PS
Geschwindigkeit Ü/U:	16,1/15kn
Fahrbereich Ü/U:	-/-sm
Besatzung:	29 Mann
Tauchtiefe:	120m
Bewaffnung:	4xTR Bug, 533cm, 4 Reserve, 1bis2 25mm

Es ist nicht ausgeschlossen, dass die in Konstanza (Rumänien) zerstörten Boote U-18 und U-24 des Typs II und die in der Danziger Schichauwerft im Bau befindlichen Boote ab U-3535 des Typs XXI wiederhergestellt und abtransportiert wurden. Einige der ›Beuteboote‹ kamen in den Flottenbestand und sind z.T. gründlichen Tests unterzogen worden.
Erste konkrete Erkenntnisse über die deutsche U-Boottechnologie hatte die Rote Flotte aber schon während des Krieges sammeln können. Am 30.07.1944 torpedierte das deutsche U-Boot U-250 den sowjetischen U-Jäger ›M-1015‹ vor Koivisto im Finnenbusen. Das in unmittelbarer Nähe befindliche Begleitschiff von ›M-1015‹, der U-Jäger ›MO-103‹, versenkte daraufhin das getaucht fahrende, aber gut in der flachen Ostsee sichtbare deutsche Boot.

Die Marineleitung entschloss sich im September 1944 zu einem riskanten Bergungsmanöver unter den Geschützen der finnischen Küstenartillerie. Es gelang, das Boot zu heben und nach Kronstadt einzuschleppen.
Aus den Torpedorohren barg man die modernen Akustiktorpedos vom Typ ›Zaunkönig‹. Einen solchen ›Fang‹ hatten nicht einmal die Engländer gemacht... Das Boot fuhr vom 12.03.1945 bis 20.08.1945 als ›TS-14‹ in der Flotte und ist danach abgebrochen worden.

Die vor und während des Krieges liegengebliebenen Neubauten sind teilweise nach 1945 fertiggestellt worden. Der Schiffsbestand hatte sich durch die Kriegsereignisse sehr stark verringert. Neukonstruktionen waren erst einmal nicht zu erwarten. Schon um 1943 zeichnete sich in der UdSSR die ersten Umrisse eines Flottenbauprogramms nach dem Kriege ab. Dieses sah – etwas unrealistisch – u.a. den Bau von großen Schiffseinheiten wie Flugzeugträgern, Schlachtschiffen und Schweren Kreuzern vor. Umgesetzt wurde das Programm noch nicht einmal ansatzweise. Statt dessen lief um 1946 das erste Programm an, das die Wiederherstellung der Flottenkräfte vorsah, also auch die teilweise Fertigstellung der liegengebliebenen Neubauten. Die Laufzeit des Programms betrug zehn Jahre, beschlossen wurde das Programm am 27.11.1945. In nüchterner Analyse der Seekriegserfahrungen der Alliierten verzichtete man auf den Weiterbau der unfertigen Vorkriegs-Schlachtschiffe und Schweren Kreuzer. Die Rümpfe und Torsi wurden nach und nach auf den Helgen abgebrochen. Anders verfuhr man mit den kleineren Einheiten, so auch den U-Booten.

Im Rahmen des ersten Nachkriegs-Fünfjahrplanes 1946-1950 kamen von 1946 bis 1949 21 fertiggestellte ›Kriegs‹-Boote der STALINETS-Klasse, der SHCHUKA-Klasse und der MALYUTKA-Klasse in Dienst:

- Baltische Flotte (11):

1945: C-21, C-22
1947: Щ-413 bis Щ-419
1948: C-23, C-24

- Nordmeerflotte (3):

1947/48: C-25 bis C-27

- Schwarzmeerflotte (7):

1948: C-35, C-46 bis 48
1947/48: M-204 bis M-206

Einige der erfolgreichen U-Bootkonstruktionen der Vorkriegsjahre sind auch kurz nach dem Krieg als Interimslösung weitergebaut worden, bevor die geplanten Neubauten der Flotte zuliefen.
Dazu gehörten sieben der SHCHUKA-Klasse, elf der STALINETS-Klasse, 33 der MALYUTKA-Klasse, die erst nach 1945 auf Stapel gelegt und bis 1953 fertiggestellt wurden.

Ein SS der WHISKEY-Klasse in See.

Nach dem Ende des Zweiten Weltkrieges und der berühmten Fulton-Rede Churchills begann sich das Verhältnis der ehemaligen Alliierten zu verhärten und drastisch zu verschlechtern. Die Auseinandersetzung der Ideologien und Systeme ging in den Kalten Krieg über.
Die UdSSR bewegte sich zielgerichtet von einer eurasischen Groß- und Siegermacht zu einer politisch weltweit agierenden, nuklear und konventionell hochgerüsteten Weltmacht. Im Zuge dieser Richtung schuf die Sowjetunion Hochsee- und Randmeerseestreitkräfte, die in allen für die UdSSR politisch wichtigen Seegebieten Präsenz zeigten.

Ein SSB der GOLF-II-Klasse in See.

Im Westen wurde relativ schnell erkannt, dass diese Seestreitkräfte strukturell und schiffbaulich eine stark eigenständige Charakteristika aufwiesen, die von den westlichen Leitlinien abwichen.

Das sich nach 1945 entwickelnde Blocksystem des Westens – 1949 NATO, 1951 ANZUS, 1954 SEATO (später CENTO) – und der Koreakrieg 1950/53 verdeutlichten, dass die USA die militärische und politische Ausdehnung des sowjetischen Machtbereiches im weltweiten Raum zu begrenzen versuchte. Die Seestreitkräfte der westlichen Allianz konnten bei der Umsetzung dieser Aufgabe auf reiche Einsatzerfahrung aus den Seegefechten des Zeiten Weltkrieges, aus den See-Luft-Schlachten im Pazifik, dem Kampf gegen den massierten deutschen U-Booteinsatz im Atlantik und der erfolgreichen Durchführung von strategischen Seelandungen zurückgreifen. Die USA schufen als strategischen Arm moderne Nuklear-Bomberstreitkräfte, die in der Lage waren, die UdSSR direkt vom amerikanischen Kontinent aus anzugreifen. Deren erste Komponente, der Bomber B-36, hatte höchste Priorität erhalten. Diesem Programm fiel u.a. das Vorhaben der US-Navy zum Opfer, den Super-Flugzeugträger ›UNITED STATES‹ zu bauen.

Nach den strategischen Bomberstreitkräften wurde später dann auch die Marine als einer der möglichen Nuklearträger favorisiert. Die rasche Entwicklung der Kernwaffen führten dazu, dass um 1952 Atombomben verfügbar wurden, die von speziell ausgerüsteten, trägergestützten Jagdbombern befördert werden konnten. Eine der Bomben war das 772 kg-Modell Mk. 7 mit einer Sprengkraft von bis zu 70 kt. Anfang der 60er Jahre verlieh die Mk. 43 Wasserstoffbombe mit ca. 1 mt Sprengkraft quasi auch dem kleinsten Marinejagdbomber eine thermonukleare Schlagkraft. Jeder US-Flugzeugträgerverband, der sich in See befand, stellte somit ein ernstzunehmendes und kurzfristig einzusetzendes nukleares Erstschlagspotential dar.

Die seestrategische Lage der UdSSR stellte sich dagegen weit ungünstiger dar. Das maritimgeostrategische Grundübel Russlands und der späteren UdSSR hatte auch durch den Sieg über die Kontinentalmacht Deutschland nicht beseitigten werden können: der Zwang, in völlig unterschiedlichen und weit voneinander entfernten möglichen Seekriegsschauplätzen vier Flotten unterhalten zu müssen (Baltische Flotte, Schwarzmeerflotte, Nordflotte und Pazifikflotte). Das unter sowjetischem Einfluss stehende Kontinentalgebiet vom Pazifik bis Zentraleuropa sah sich dabei einer Koalition von Seemächten gegenüber, die neben deutlich optimaleren ozeanischen Positionen und Stützpunksystemen über umfangreiche und einsatzerfahrene Flottenverbände verfügte. Die Zugänge zu den Ozeanen waren den sowjetischen Flotten im Konfliktfall entweder durch einfach zu blockierende Meerengen versperrt (Ostseezugänge, Bosporus) oder in Teilbereichen relativ leicht zu überwachen (Bereich Grönland-Island-Großbritannien, die sogenannte GIUK-Linie, sowie die Kurilen und die Japanische See). Das hatte zur Folge, dass die sowjetische Seekriegsflotte eine völlig andere

Abriss des U-Bootbaues und des U-Bootbestandes in Russland und der UdSSR

Ein SS der FOXTROT-Klasse der Schwarzmeerflotte.

62 SS FOXTROT-Klasse (1963)

Verdrängung Ü/U:	1950/2550 t
L/B/T:	91,3/7,5/5,1 m
Leistung Maschine:	3x4000 PS
Geschwindigkeit Ü/U:	16,4/16 kn
Fahrbereich Ü/U:	30000/15 sm
Besatzung:	70 Mann
Tauchtiefe:	280 m
Bewaffnung:	6xTR Bug, 4xTR Heck, 22 Reserve, 32 Minen

13 SSN NOVEMBER-Klasse (1959)

Verdrängung Ü/U:	3080/3980 t
L/B/T:	107,4/7,9/6,4 m
Leistung Maschine:	2x17500 PS
Geschwindigkeit Ü/U:	15/28 kn
Fahrbereich Ü/U:	166000 sm
Besatzung:	110 Mann
Tauchtiefe:	300 m
Bewaffnung:	8xTR Bug, 12 Torpedos Reserve

Abriss des U-Bootbaues und des U-Bootbestandes in Russland und der UdSSR

Ein SSBN der DELTA-I-Klasse in voller Fahrt.

Ein SSN der VICTOR-II-Klasse in See.

8 Siehe ›Auswahl russischer Bezeichnungen von U-Bootsklassen‹ auf Seite 110.

Herangehensweise in Bezug auf das Erringen einer zeitlich und örtlich begrenzten Seeherrschaft suchen musste. Die Einsatzkräfte waren letztlich gezwungen, erst die Bedingungen zu schaffen, die eine Lösung der ihnen gestellten Aufgaben ermöglichten.

Die Zeit 1946-1955 wird auch als anti-amphibische Konzeption bezeichnet. Ziel war die Abwehr möglicher großangelegter strategischer Seelandeoperationen des Westens.
Diese Konzeption sah in der ersten Ausbauphase die Küstensicherung durch drei gestaffelte Verteidigungslinien vor. In der vordersten Linie sollten die U-Boote stehen, in der folgenden Kreuzer, Zerstörer und kleine Kampfeinheiten. Die dritte stellte die Küstenverteidigung selbst dar. In der ersten Ausbauphase der Flotte zur Erfüllung dieser Aufgabe sollten u.a. 367 U-Boote in Dienst kommen. Die UdSSR setzte nach 1945 das größte umfassende Rüstungsprogramm in Gang, das jemals in der Moderne im Frieden – nach einem Krieg – gestartet wurde.

Die grundlegenden Entscheidungen fielen höchstwahrscheinlich zu einem Zeitpunkt, in dem von einem ›Kalten Krieg‹ noch keine Rede war. Innerhalb der nachfolgenden 20 Jahre war der Bau von über 1200 (!) Booten geplant. Die jährliche Fertigungsrate sollte bei 102 U-Booten liegen. Mehrere neue U-Boot-Klassen wurden daraufhin auf Kiel gelegt und bis 1960 mit einer Gesamtzahl von ca. 400 Booten in Dienst gestellt.

Ein Boot der QUEBEC-Klasse in Leningrad.

Dazu gehörten 26 große Boote ›BPL‹[8] vom Projekt 611 (SS ZULU-Klasse), über 220 mittlere ›PL‹ Projekt 613 (SS WHISKEY-Klasse) und 29 kleine Küstenboote ›MPL‹ Projekt 615 (SS QUEBEC-Klasse). Gegen Ende der Dekade kamen noch die Boote ›PL‹ Projekt 633 (SS ROMEO-Klasse) und – etwas später – die ›BPL‹ Projekt 641 (SS FOXTROT-Klasse) in den Flottendienst.

Ein SSN der NOVEMBER-Klasse.

Die ZULU-Boote fuhren erstmalig mit einem 400 V-Spannungsnetz. Darüber hinaus ist unter strengster Geheimhaltung der Bau des ersten nukleargetriebenen U-Bootes der UdSSR vorangetrieben worden. Nicht einmal die Marineleitung war während der Definitions- und Projektierungsphase von ›PLA‹ ›K-3‹ (daraus entstand die spätere SSN NOVEMBER-Klasse) einbezogen worden. Auf diesem Bootstyp basierten spätere Entwürfe raketentragender nukleargetriebener U-Boote. Die generelle Entscheidung zum Bau derartiger U-Boote ist um 1949 getroffen worden.

Als Hauptbewaffnung war bis zur Einsatzreife von Schiff-Schiff- und Schiff-Land-Raketen der strategische Nukleartorpedo vorgesehen. Seine Einsatzziele sollten u.a. Hafenanlagen und Marinestützpunkte des Gegners sein.

Neben den Erfahrungen aus den Kriegseinsätzen der eigenen Marine kam der UdSSR zugute, dass sie über umfangreiches Beute- und Konstruktionsmaterial aus deutschen Beständen verfügte.

Nach dem Tod Stalins am 15.03.1953 kam es durch die neue Administration zu einer völligen Neubewertung der Marine und ihrer

Aufgaben unter den Bedingungen eines Kernwaffenkrieges. Laufende Bauprogramme wurden rigoros gekürzt oder völlig aufgegeben, große Schiffseinheiten auf den Helgen abgebrochen. Kleinere Einheiten und U-Boote behielten dagegen hohe Priorität, die laufenden Serien sind nur geringfügig gekürzt worden.

Die zweite Nachkriegs-Phase der Seerüstung spielte sich in den Jahren 1956-1960 ab. Diese Phase ist auch als Anti-Carrier- oder Anti-Träger-Konzeption als Synonym für das Hauptangriffsziel, die US-Flugzeugträgerverbände, bezeichnet worden. Zu dieser Zeit rückten die USA – durch die Erfahrungen des Korea-Krieges und dem Besitz von Kernwaffen durch die UdSSR – von ihrer bisherigen Strategie der massiven Vergeltung ab. Schnelle Trägerkampfgruppen mit Düsenmaschinen wurden in das neue Konzept der nuklearen Abschreckung einbezogen.

Herausragendes Beispiel dafür ist die Inbaugabe des ersten nukleargetriebenen Flugzeugträgers USS ›ENTERPRISE‹ CVN 65 am 04.02.1958 und von ebenfalls nukleargetriebenen Kreuzern und Zerstörern.
Zusammengefasst zu Angriffsverbänden und disloziert im Mittelmeer, Atlantik und Pazifik waren diese in der Lage, Ziele innerhalb der Sowjetunion überraschend anzugreifen. Eine ernsthafte Gegenwehr hatten sie bis dahin nicht zu befürchten. Ihre Entfernung vom Ziel und die Abdeckung durch die Sicherungseinheiten über und unter Wasser sowie in der Luft ließen den konventionellen Marine- und Luftstreitkräften der UdSSR wenig Erfolgsaussichten. Die hohe Mobilität der Kampfgruppen und die starken bordeigenen Jagdverbände machten die Ortung und Bekämpfung auf große Entfernung fast unmöglich.
Die Anti-Carrier-Konzeption besitzt bis in die heutige Zeit hinein für die ehemalige Sowjetunion, nunmehr wieder Russland, Gültigkeit. Die Ausrichtung und der Bau unterschiedlicher Überwasserschiffs- und U-Bootsklassen zur Bekämpfung der Trägerverbände auf See ist nach wie vor ein Thema in der russischen Marine.

Die Sowjetunion hat es im Laufe ihrer maritimen Rüstung nur in einigen Bereichen vermocht, quantitativ und qualitativ adäquate maritime Gegenmittel mit ähnlicher Schlagkraft wie ihr westlicher Gegenpart zu schaffen.
Die Versuche, in der jeweiligen Zeitperiode als modern geltende Flugzeugträger zu fertigen, konnten aus verschiedenen Gründen nicht umgesetzt werden. Zeugnisse dieser Bemühungen stellten u.a. die Trägerprojekte ›71A, 71B, 72M‹, ›72B und 76‹ vor 1945 mit bis zu 34.40 t Wasserverdrängung sowie die Projekte 85 (um 1953), 1153 (um 1980 mit 70.000 t) und 1160 (um 1965 mit 80.000 t) dar. Sie blieben letzten Endes auf dem Papier.
Gebaut und in den Flottendienst überführt wurde nur die ›ADMIRAL KUZNEZOV‹, Projekt 1143.5, ein konventionell angetriebener Träger mit Winkeldeck und sky-jump-Rampe, aber ohne Katapulte. Das Schwesterschiff ›VAR'YAG‹ (ehem. ›RIGA‹) liegt seit Anfang der 90er Jahre am Ausrüstungskai der Marinewerft in Nikolayev und wird nicht weitergebaut. Der erste ›richtige‹ Träger mit Nuklearantrieb und Startkatapulten, die ›UL'YANOVSK‹, ist bei einem Fertigstellungsgrad von 20 % nach 1990 auf der Helling der gleichen Werft abgebrochen worden.

Flugzeugträger ›ADMIRAL KUZNEZOV‹ im Stützpunkt.

Um trotzdem dieser massiven Bedrohung von kernwaffentragenden Flugzeugträgerverbänden begegnen zu können, zeichnete sich in den 50er Jahren ein Ausweg ab: die Entwicklung bordgestützter Fernraketen und der dazugehörigen maritimen Trägermittel.
Die Marine hatte schon frühzeitig mit entsprechenden Arbeiten auf der Grundlage deutscher Raketenentwürfe begonnen. Es galt, diese Arbeiten forciert voranzutreiben.

Abriss des U-Bootbaues und des U-Bootbestandes in Russland und der UdSSR

Der Flugzeugträger ›VAR'YAG‹, ehem. ›RIGA‹ in der Werft in Nikolayev.

Drei SSN der VICTOR-III-Klasse an der Pier (Nordflotte).

Abriss des U-Bootbaues und des U-Bootbestandes in Russland und der UdSSR

Ein SS der TANGO-Klasse in See.

SSBN der DELTA-III-Klasse (Nordflotte).

Im Zuge der Umsetzung des Schiffbauprogramms von 1954 ›Zehnjahresprogramm für den Aufbau einer Raketenflotte mit U-Booten‹ gingen die Entwicklungsarbeiten sowohl für die Raketen als auch für die unterschiedlichen Trägersysteme zügig voran.

Viele herausragende Projektierungs- und Konstruktionsbüros sowie Großwerften waren an dieser Aufgabe beteiligt – sollten doch in relativ kurzer Zeit z.T. völlig neue Technologien in die Marine eingeführt werden:

- Kernsprengköpfe, nuklear und thermonuklear
- ballistische Flugkörper mit atomaren Sprengköpfen für den nuklearstrategischen Einsatz
- taktische, luftatmende Flugkörper mit konventionellen und nuklearen Sprengköpfen für den Anti-Schiffs-Einsatz (Flügelraketen)
- Ortungs- und Feuerleitelektronik; Data-Link-Systeme; Lagedarstellung mit Satellitendaten
- Nuklear- und Gasturbinenantrieb; hochwertige konventionelle Antriebe
- düsengetriebene und mit Raketen bestückte Flugzeuge; Hubschrauber für den Bordeinsatz
- eine landgestützte Marineluftwaffe mit großer Reichweite

Ein Boot der KILO-Klasse (Projekt 877) im Stützpunkt.

Ein SSN der VICTOR-I-Klasse in See.

Ein SSN der SIERRA-Klasse in See.

Das Programm wurde Ende 1958 bestätigt und sollte eine Laufzeit bis 1965 haben. Ziel war es, sowohl taktische als auch strategische Raketenwaffen auf See zu stationieren und Trägersysteme mit konventionellem und nuklearem Antrieb zu fertigen.

Gleichzeitig sind U-Boot-Bauprogramme konventioneller Klassen eingeschränkt bzw. ganz aufgegeben worden.

Eine nicht unwesentliche Auswirkung auf die sowjetische Marineentwicklung jener Zeit hatte die Berufung von Admiral Sergey Georgyevich Gorshkov zum Oberbefehlshaber der sowjetischen Seekriegsflotte am 05.01.1956. Dieser talentierte und hervorragende Offizier positionierte – allen innerpolitischen Stürmen und Widerständen insbesondere des übermächtigen Heeres zum Trotz – die Stellung der Marine innerhalb der Streitkräfte neu. Sein Ziel sah er im Aufbau einer ausgewogenen ozeanfähigen Flotte unter den o.g. Prämissen. Dieses verfolgte er hartnäckig, weitsichtig und erfolgreich. Am Ende der Ära Gorshkov 1985 befand sich die sowjetische Seekriegsflotte auf dem Höhepunkt ihrer Entwicklung.

Aus militärischer Sicht war die Anti-Carrier-Konzeption – ebenso wie die anti-amphibische Konzeption – strategisch defensiv und taktisch offensiv. Die folgende Periode von ca. 1960 bis 1970 – die westliche Bezeichnung lautete Anti-Polaris-Konzeption und war gegen die strategischen US-Atom-U-Boote mit ballistischen POLARIS-Raketen gerichtet – führte zwar zu einer weiten Stärkung der taktischen Offensivkräfte, die UdSSR blieb aber bei ihrer insgesamt defensiven strategischen Ausrichtung der Flotte. Die bisher letzte Zeitspanne von ca. 1970 bis 1990, die multiple Konzeption genannt, sah die Schaffung einer multifunktionalen, schlagkräftigen Marine mit Flugzeugträgern vor.
Der Zusammenbruch der Sowjetunion 1991 fegte diese Ambitionen aber auf lange Sicht vom Tisch.

Zurück in die 50er Jahre. Die Situation verlangte von den sowjetischen Militärs und der Schiffbauindustrie eine völlig neue Herangehensweise zur Lösung der anstehenden Probleme. Es waren Konstruktionen erforderlich, die – bevor nukleargetriebene U-Boote zur Verfügung standen – die Aufgaben des erfolgreichen Kampfes auf See mit Raketenwaffen führen konnten.

Der generelle Durchbruch des Atom-U-Bootes zeichnete sich zwar ab, aber ob dieser den erfolgreichen Siegeszug antreten konnte, war zum damaligen Zeitpunkt noch nicht abzusehen.

Auf dieser Grundlage entstand auch das Projekt 651. Um 1956/57 sind konkrete Erprobungen mit Schiff-Land- bzw. Schiff-Schiff-Flugkörpern ›P-5‹, ›P-5D‹ und ›P-6‹ an Bord von U-Booten des Projektes 613 (SS WHISKEY-Klasse) durchgeführt worden (siehe Seite 45).

Im Ergebnis dessen kamen in den Folgejahren U-Boots-Klassen in Dienst, die teilweise Experimentalcharakter trugen:

- P-613
  SSG WHISKEY SINGLE CYLINDER-Klasse
  1 Startbehälter, Rakete ›P-5‹
- 644D
  SSG WHISKEY TWIN CYLINDER-Klasse
  (Prototyp), 2 Startbehälter, Rakete ›P-5D‹
- 644
  SSG WHISKEY TWIN CYLINDER-Klasse
  2 Startbehälter, Rakete ›P-5D‹
- 665
  SSG WHISKEY LONG BIN-Klasse
  4 Startbehälter, Rakete ›P-6‹

Zwei SSN der VICTOR-I-Klasse im Stützpunkt (Nordflotte).

Ein SSG der WHISKEY TWIN CYLINDER-Klasse.

Ein SSBN der DELTA-IV-Klasse an der Festmacherboje.

Diese U-Boote mit unterschiedlicher Anzahl von Flugkörpern an Bord blieben teilweise bis in die achziger Jahre in Dienst.

Abriss des U-Bootbaues und des U-Bootbestandes in Russland und der UdSSR

Auf den Erfahrungen dieser Bootsklassen und den Erprobungen mit navalisierten ballistischen Raketen ist ab 1960 die U-Boot-Entwicklung und deren Bewaffnung auf drei Ebenen forciert vorangetrieben worden:

1. erste U-Boote mit ballistischen und taktischen Mittelstrecken-Flugkörpern:

SSG	JULIETT-Klasse	Projekt 651	mit Schiff-Schiff/Schiff-Land-FK
SSB	GOLF-Klassen	Projekt 629	mit ballistischen Raketen
SSGN	ECHO-I-Klasse	Projekt 659	mit Schiff-Schiff/Schiff-Land-FK
SSBN	HOTEL-Klasse	Projekt 658	mit ballistischen Raketen

2. U-Boote mit ballistischen Langstrecken-Flugkörpern:

SSBN	YENKEE-Klasse	Projekt 667	mit ballistischen Raketen
SSBN	DELTA-I-Klasse	Projekt 667 B	mit ballistischen Raketen
SSBN	DELTA-II-Klasse	Projekt 667 BD	mit ballistischen Raketen
SSBN	DELTA-III-Klasse	Projekt 667 BDR	mit ballistischen Raketen
SSBN	DELTA-IV-Klasse	Projekt 667 BDRM	mit ballistischen Raketen
SSBN	TYPHOON-Klasse	Projekt 941	mit ballistischen Raketen

3. U-Boote mit Nahbereichs-Flugkörpern:

SSGN	ECHO-II-Klasse	Projekt 675	mit Schiff-Schiff-Raketen
SSGN	CHARLIE-I/II-Klassen	Projekt 670 /M	mit Schiff-Schiff-Raketen
SSGN	OSCAR-I/II-Klassen	Projekt 949 /M	mit Schiff-Schiff-Raketen

4. Jagd-U-Boote:

SSN	NOVEMBER-Klasse	Projekt 627	mit Torpedobewaffnung
SSN	VICTOR-I-Klasse	Projekt 671R	mit Torpedobewaffnung
SSN	VICTOR-II-Klasse	Projekt 671RT	mit Torpedobewaffnung
SSN	VICTOR-III-Klasse	Projekt 671R1M	mit Torpedobewaffnung
SSN	ALPHA-Klasse	Projekt 705	mit Torpedobewaffnung
SSN	SIERRA-Klasse	Projekt 945	mit Torpedobewaffnung
SSN	AKULA-Klasse	Projekt 971	mit Torpedobewaffnung

Die Entwicklung konventionell angetriebener U-Bootkonstruktionen ist dagegen stark eingeschränkt worden. Nach 1960 sind nur drei Klassen in Dienst gekommen: 1974, 1985 und 1990:

Konventionelle und Küsten-U-Boote:

SS	TANGO-Klasse	Projekt 641B	mit Torpedobewaffnung
SS	KILO-Klasse	Projekt 636	mit Torpedobewaffnung
SS	KILO-exp.-Klasse	Projekt 877 E/EKM	mit Torpedobewaffnung

Abriss des U-Bootbaues und des U-Bootbestandes in Russland und der UdSSR

Die Entwicklung der U-Bootkräfte in der UdSSR war und ist eingebettet in die Schiffbauprogramme der jeweiligen Zeitperiode. Nach dem de facto Abbruch des Nachkriegsbauprogramms nach dem Tode Stalins sind weitere, verfeinerte Programme entworfen und der Staatlichen Führung unterbreitet worden, die die wirtschaftliche Situation mit den zu erreichenden Zielen der Schaffung vom Marinekräften in Einklang zu bringen versuchten.

- 1954: Bau von Raketen-U-Booten, Raketenzerstörern durch den Umbau von Artilleriezerstörern – Beschlossen: 1958; Laufzeit: 10 Jahre (1956-1965)
- 1974: 10-Jahresprogramm ›Schiffbauplan zur Schaffung einer ausgewogenen Hochseeflotte‹ – Laufzeit: 10 Jahre (1971-1980)

Die Produktionszahlen der russischen und sowjetischen Werften im U-Bootbau sind beeindruckend. In der russischen Publikation »90 Jahre russischer U-Bootbau« 1994 ist angegeben, dass von 1903 bis 1993 in Russland 1090 U-Boote, darunter 243 mit Nuklearantrieb gebaut wurden. Nach »Jane's Fighting Ships« waren davon 1995/96 noch 108 in Dienst.

Diese beiden Klassen stellen von ihrer Größe und ihrer Vernichtungskraft alles bisher da gewesene in den Schatten.

Die sowjetische Seekriegsflotte ist von tragischen Verlusten an U-Booten nicht verschont geblieben. Insbesondere die Totalverluste an Atom-U-Booten wiegen durch die Besonderheit des Kernantriebes und der Nuklearsprengköpfe besonders schwer. Zwei Fälle sind dabei von besonderem Interesse.
Der erste Fall ereignete sich am 8. März 1968. Das konventionell angetriebene U-Boot ›K-129‹ vom Projekt 629A (SSG GOLF-II-Klasse, Pazifikflotte) kollidierte bei einer Patrouillenfahrt südlich der Hawaii-Inseln mit einem amerikanischen U-Boot. Zusammen mit dem sowjetischen Boot versanken 97 Besatzungsmitglieder auf den Meeresgrund in ca. 6000 m Tiefe. Mitte 1974 ist ein streng geheimer Bergungsversuch durch den US-Geheimdienst CIA geplant und durchgeführt worden. Die Kosten beliefen sich auf über 1 Mrd. US-Dollar. Nach Auffassung der Experten barg ein U-Boot der Sowjetunion alles, was für die Gegenseite interessant sein konnte: Schiffbau- und

Ein SSGN der ECHO-II-Klasse beim Abwracken.

Ein SSGN der OSCAR-II-Klasse in Fahrt.

Ein TYPHOON läuft aus.

Ein SSBN der DELTA-IV-Klasse beim Einlaufen.

Das stete Sinken der Zahlen ab 1970 ist dem Bau der großen und sehr teuren Atom-U-Kreuzer geschuldet, deren Höhepunkt die U-Schiffe vom Projekt 949 ›GRANIT‹ (SSGN OSCAR-Klasse) und die strategischen U-Schiffe vom Projekt 941 ›AKULA‹ (SSBN TYPHOON-Klasse) darstellen.

Waffentechnik, Technologien, Kode- und Chiffriergeräte, Gefechtsfrequenzen, Freund-Feind-Kennungen usw. Das speziell für diesen Zweck gebaute, ausgerüstete und bemannte Schiff war die ›GLOMAR EXPLORER‹, zur Tarnung ausgelegt für den Abbau von Mineralien aus großer Tiefe. Die Position der Untergangsstelle war den Amerikanern durch die Kollision bekannt. An Bord des Bergungsschiffes befand sich ein riesiges absenkbares Gestell mit Krallen, mit der das auf dem Grund liegende U-Boot gegriffen und angehoben werden sollte. Dieses gelang tatsächlich.

Auf halbem Wege zu Wasseroberfläche hielten einige Krallen den Belastungen aber nicht mehr stand und knickten ab. Das U-Boot, das sich schon in einer 140°-Lage befand, drehte sich dadurch noch weiter. Aus einem der drei Turm-Raketenschächte rutschte eine Atomrakete (SS-N-5 ›Sark‹) und glitt zurück zum Boden. Nach dem Aufprall passierte jedoch nichts. Das Boot brach aus den Krallen heraus und sank ebenfalls zum Grund zurück. Nur ein ca. 12 m langes Rumpfstück wurde an die Oberfläche gehievt und geborgen. Innerhalb der Wrackteile sind neben technischen Ausrüstungsteilen auch sterbliche Überreste von Besatzungsmitgliedern gefunden worden.

›K-278‹ ›KOMSOMOLET‹ in See.

1993 übergab die USA dem Russischen Präsidenten Boris Jelzin eine Videokassette mit Filmsequenzen des Gedenkgottesdienstes und der Seebestattung der geborgenen Besatzungsmitglieder. Ein weiterer Bergungsversuch ist nicht unternommen worden.

Der zweite Zwischenfall ereignete sich am 07. April 1989 an Bord des Nuklear-U-Bootes ›K-278‹ ›KOMSOMOLETS‹ (Projekt 685, Projektname ›PLAVNIK‹). Das Boot gehörte zum damaligen Zeitpunkt als einziges Exemplar zur MIKE-Klasse (SSN, Nordflotte, der Name ›KOMSOMOLETS‹ tauchte erst später in der Presse auf).

Das Boot fuhr in ca. 160 m Tiefe von der Bäreninsel kommend zum heimatlichen Stützpunkt auf der Kola-Halbinsel. In der Heckabteilung brach plötzlich ein Brand aus. Der Kommandant befahl sofortiges auftauchen. Die Tauchtanks wurden angeblasen. Dieses Manöver verschlimmerte die Lage vermutlich gravierend. Die Luftleitungen zu den Hecktanks verliefen durch die havarierte Abteilung. Wegen der hohen Temperatur brachen die Leitungen und verschlimmerten den Brand durch das Ausströmen hochverdichteter Luft. Nach dem Auftauchen beobachteten Rettungsflugzeuge ein dunkelrotes Glühen am Heck und verdampfendes Wasser. K-278 war nicht mehr zu retten, die Hecklastigkeit vergrößerte sich zusehends. 38 Mann gingen mit dem Boot unter.

Der Kommandant blieb bis zuletzt an Bord seines Bootes und ging ebenfalls mit unter. Er unternahm noch einen Versuch, sich mit vier weiteren Besatzungsmitgliedern in einer Rettungskapsel zu retten. In einer Tiefe von 1500 m gelang es ihnen, die Kapsel vom Schiff zu lösen. Nach ca. zwei Minuten schwamm sie auf, aber drei von ihnen waren ohne Bewusstsein. Der Innendruck riss die Öffnungsklappe auf, ein Mann wurde herausgeschleudert und gerettet.
Der Kommandant und die anderen sanken jedoch mit der Kapsel wieder auf den Meeresgrund, da zuviel Wasser durch die geöffnete Luke eindrang.

Die ›KOMSOMOLETS‹ liegt nach wie vor an ihrer Untergangsposition in 1685 m Tiefe. Der Kernreaktor konnte vor dem Untergang noch abgeschaltet werden. Mindestens zwei Cruise Missiles ›RKP-55 GRANAT‹ (SLCM SS-N-21 ›SAMPSON‹) mit Nuklearsprengköpfen befinden sich noch in den Torpedorohren. Von 68 Besatzungsmitgliedern blieben 42 auf See bzw. starben bei oder nach der Rettungsaktion. Mehrere Tauchfahrten unbemannter Tauchroboter und Kleinsttauchboote gaben Aufschluss über die derzeitige Gefahrensituation. Eine Hebung des Bootes erscheint fraglich, da ein Auseinanderbrechen des Druckkörpers und die Beschädigung des Reaktors befürchtet wird.
Zwischen 1990 und 1995 haben sich mehr als 20 Organisationen Russlands, Norwegens, Hollands, Englands, der Schweiz und der USA für eine Untersuchung des Wracks eingesetzt und Mittel für Untersuchungen bereitgestellt.

Die Bugpartie von ›K-278‹ ›KOMSOMOLETS‹ in über 1600 m Tiefe.

SSBN ›K-219‹ der YANKEE-I-Klasse nach Explosion in einem FK-Schacht.

Abriss des U-Bootbaues und des U-Bootbestandes in Russland und der UdSSR

Nachfolgend eine Aufstellung der Totalverluste ab 1960. Nicht berücksichtigt sind hierbei einzelne Reaktorunfälle und ›normale‹ Havarien.

27.01.1961
SSG ›S-80‹ WHISKEY TWIN CYLINDER-Klasse Projekt 644 Nordflotte
Gesunken nach Wassereinbruch und Bedienungsfehler in der Barentsee; 68 Tote (gesamte Besatzung). Am 27.07.1969 gehoben.

08.03.1968
SSB ›K-129‹ GOLF-II-Klasse Projekt 629A Pazifikflotte
Totalverlust nach Kollision mit US-U-Boot. 97 Tote. Die UdSSR meldete den Verlust am 11.04.1968. Mitte 1974 Bergungsversuch durch den US-Geheimdienst.

12.04.1970
SSN ›K-8‹ NOVEMBER-Klasse Projekt 627 ›KIT‹ Nordflotte
Erster Totalverlust eines Atom-U-Bootes während der Übung ›Okean‹ durch Brand. Boot sinkt mit 52 Mann auf 4680m Tiefe. Einzelheiten des Verlustes werden bis 1991 geheim gehalten.

24.10.1981
SS ›S-178‹ WHISKEY-Klasse Projekt 613 Pazifikflotte
In der Peter-der-Grosse-Bucht nach Kollision mit Frachtschiff. Nach Brand gesunken. 32 Tote.

23.06.1983
SSGN ›K-429‹ CHARLIE-I-Klasse Projekt 670 ›SKAT‹ Pazifikflotte
Nach Wassereinbruch durch Bedienungsfehler vor Kamtschatka gesunken, 17 Tote. 1984 gehoben, wieder in Dienst.

03.10.1986
SSBN ›K-219‹ YANKEE-I-Klasse Projekt 667 AU ›NAVAGA‹ Nordflotte
Bei den Bermuda-Inseln Explosion in einem Raketenschacht. Während des Abschleppens am 06.10.1986 mit voller Raketenlast auf 4000m Tiefe gesunken. 4 Tote.

07.04.1989
SSN ›K-278‹ MIKE-Klasse Projekt 685 ›PLAVNIK‹ Nordflotte
Brand in der achteren Abteilung. Unter der Hitzeeinwirkung wird das U-Boot leck und sinkt auf 1685m Tiefe. 42 Tote.

Zwei SSGN der OSCAR-II-Klasse an der Pier (Pazifikflotte).

Es ereigneten sich zwischen 1960 und 1996 weitere 26 schwerwiegende Unfälle, teils mit Austritt von radioaktivem Material und Schäden an Reaktoren. Die Zahl der dabei getöteten Besatzungsmitglieder kann mit ca. 100 beziffert werden (ohne die bei den Totalverlusten auf See gebliebenen Offiziere und Mannschaften).

Nach dem Zusammenbruch der Sowjetunion 1991 sind mehr als 150 U-Boote außer Dienst gestellt worden. Zum Teil wurden sie abgewrackt und verschrottet, zum Teil liegen sie irgendwo rostend in flachem Wasser. Die älteren SSBN der YANKEE- und DELTA-Klassen sind aufgrund der SALT-I und SALT-II-Vereinbarungen zwischen der UdSSR und den USA aus dem Bestand genommen worden. Andere Boote fielen dem fortgeschrittenen Lebensalter oder den mangelnden Finanzen zum Opfer. Die Zukunft der nunmehr wieder unter dem russischen Andreaskreuz fahrenden verbliebenen U-Boote ist ungewiss. Die überwiegende Anzahl der noch in Dienst befindlichen U-Boote liegt vertäut an der Pier. Der hochqualifizierte Offiziers- und Unteroffiziersbestand ist durch Abgänge stark dezimiert, die Mannschaften sind schlecht ausgebildet und wenig motiviert. Es wurde ein Zwischenfall bekannt (Anfang September 1998, Nordflotte), bei dem in einem modernen Jagd-U-Boot (SSN der AKULA-Klasse) eine Meuterei mit Schusswaffengebrauch stattfand und Beatzungsmitglieder mit Salven aus Maschinenpistolen zum Aufgeben gebracht bzw. getötet wurden. Einige Matrosen hatten sich im Bug-Torpedoraum verschanzt, sie wollten damit bessere Behandlung erwirken, oder einfach nur nach Hause.

Ein SSN der YANKEE-POD-Klasse (vormals SSBN).

Andere berichteten davon, dass durch die örtlichen Energielieferanten die Stromversorgung der Stützpunkte abgeschaltet wurde, da die Zahlungen der fälligen Stromrechnungen durch die Marine ausblieben. Die Kühlungs- und Sicherheitseinrichtungen der U-Boot-Reaktoren gerieten in Gefahr. Nur durch das energische Eingreifen von Bordoffizieren – mit der geladenen und entsicherten Waffe in der Hand – ließen sich die diensthabenden Ingenieure des E-Werkes überzeugen, den Strom wieder einzuschalten. Das Schlimmste konnte im letzten Moment verhindert werden.
Für die russische Marine sind U-Boot-Neubauten geplant bzw. befinden sich im Bau.
Es bleibt abzuwarten, ob die z.Zt. schwierige wirtschaftliche Situation Russlands die Fertigstellung der modernen, aber teuren Einheiten zulässt.

Abriss des U-Bootbaues und des U-Bootbestandes in Russland und der UdSSR

Die Präferenzen der Rüstungsanstrengungen Russlands liegen derzeitig im strategischen und im operativ-taktischen Bereich.
Mit der Indienstnahme des Nuklearraketenkomplexes ›RS-12 M TOPOL'‹ (ICBM SS-25, NATO: SIDE) unterstrich Russland seine – nicht mehr zeitgemäße – Doktrin eines atomaren Gegenschlages (oder Erstschlages) über große Distanzen.

SSBN der YANKEE-Klasse beim Abwracken in der Werft.

Im Dezember 1999 sind weitere Abschusseinrichtungen bei Saratov in Dienst genommen worden. In welche Richtung die neue und moderne russische Armee und Marine orientiert wird, ist von den politischen Zielrichtungen und der Durchsetzungsfähigkeit der politischen Gruppierungen abhängig. Großmachtbestrebungen und eine ›Anti-NATO‹-Tendenz sind dabei unverkennbar.

In der großen nördlichen Marinewerft Nr. 402 ›Severnoe Mashinostroitel'noe Predpriyatie‹ in Severodvinsk befinden sich zwei neue U-Boot-Klassen im Bau:

- Projekt 955 ›BOREY‹ (SSBN BOREY-Klasse) – Vorgesehener Name der ersten Einheit: ›YURI DOLGORUKI‹. Es ist der kostengünstigere und kleinere Nachfolger der TYPHOON-Klasse. Zulauf ab 2001 geplant.
- Projekt 885 ›YASEN'‹ (SSGN GRANAY-Klasse) – Vorgesehener Name der ersten Einheit: ›SEVERODVINSK‹. Zulauf ab 2002 geplant.

In dieser und in anderen Werften wird angestrebt, bewährte U-Boot-Konstruktionen fortzuführen und der Marine anzubieten. Zum Teil sind Boote der Serie in unterschiedlichen Baustadien:

- schnelle – und leise – Jagd-U-Boote Projekt 971 M ›SHCHUKA-B‹ (SSN AKULA-Klasse),
- Atom-U-Bootskreuzer 1. Ranges Projekt 949 A ›ANTEY‹ (SSGN OSCAR-II-Klasse).

Einen Exportschlager stellen die konventionellen U-Boote der Projekte 636 (KILO-Klasse) und 877 E/EKM ›PALTUS‹ (KILO-exp.-Klasse) dar. An die Marinen Chinas, Algeriens, Indiens, Irans, Polens und Rumäniens sind diese U-Boote geliefert worden.
Die Ausbildung der Besatzungen und die Logistik liegt z.T. ebenfalls in russischen Händen. Auch die russische Marine hat mehrere dieser Küsten-U-Boote in Dienst. Die Weiterentwicklung dieser Klassen wird trotz leerer Staatskassen konsequent fortgesetzt.
Im Ergebnis dessen befinden sich auf den Reißbrettern bzw. den CAD-Arbeitsstationen der Entwicklungsinstitute die Projekte 677 ›LADA‹ als Nachfolger des Projektes 636 und eine ganze Familie der ›AMUR‹-Klasse als Nachfolger des Projektes 877 E/EKM ›Paltus‹ (AMUR 550, 750, 950, 1450, und 1850).

Die Marine Indiens hatte von Januar 1988 bis Januar 1991 zu Erprobungszwecken ein Atom-U-Boot des Projektes 670A ›SKAT‹ (CHARLIE-I-Klasse) leihweise in ihrem Bestand. Nach Ablauf der Nutzungsdauer ist die INS ›CHAKRA‹ wieder nach Vladivostok rücküberführt und außer Dienst gestellt worden. Während der Einsatzzeit in Indien fuhr das Boot mit sowjetischer Besatzung, die Inder wurden angelernt. Die Einsatzzeit diente der Indischen Marine zum Training für die Bemannung eigener Atom-U-Boote.
Ob dabei U-Boote aus indischer Produktion zulaufen – Programm ›Advanced Technology Vessel‹ (ATV) – oder in Russland gekauft werden, war Ende 1999 noch nicht klar. Es sind Verhandlungen zwischen Russland und Indien geführt worden, die die Lieferung von zwei Atom-U-Booten vorsahen.

Zwei Jagd-U-Boote SSN der AKULA-Klasse an der Pier (Nordflotte).

Ein SS der ZULU-Klasse – verlassen und schrottreif.

Abriss des U-Bootbaues und des U-Bootbestandes in Russland und der UdSSR

Im Gespräch waren, neben Booten der CHARLIE-Klasse(n), zuletzt auch die noch unfertigen Baunummern des Projektes 971 M ›SHCHUKA-B‹ (AKULA-II-Klasse): die ›NERPA‹ und die ›KUGUAR‹. Ein Interesse Chinas an diesen Booten ist ebenfalls vorhanden.

Nach einer recht überraschenden Presseerklärung des russischen Designerbüros ›MALAKHIT‹ im November 1999 könnte Russland der Chinesischen Volksbefreiungsmarine (PLAN) zwei nukleargetriebene U-Boote der AKULA-Klasse anbieten. Erste Vorgespräche dazu hat die Regierung in Moskau bereits gebilligt (später wurde dies aber dementiert).

Diese Erklärung sorgte im Westen zunächst für Verwirrung: welche ›AKULAS‹ waren gemeint? Die NATO benennt in ihrer Designation die schnellen Jagd-U-Boote des o.g. Projektes 971/971 M als ›AKULA‹, die Russische Marine bezeichnet dagegen ihre schweren strategischen Atom-U-Bootskreuzer 1. Ranges vom Projekt 941 als ›AKULA‹ (SSBN TYPHOON-Klasse). Die Erleichterung war sicher groß, als bekannt wurde, dass nicht die zur Ausmusterung anstehenden strategischen U-Kreuzer zum Verkauf anstanden, sondern ›nur‹ die Jagd-U-Boote gemeint waren... Die Einheiten, für die die Russische Marine kein Geld mehr für die Fertigstellung bereitstellen kann, sind zu ca. 30% fertig und könnten ›binnen vier Jahren geliefert werden‹, Stückpreis ca. 500 Mio. US-Dollar.

Es handelt sich dabei zweifelsohne um die bereits erwähnten SSN ›NERPA‹ und SSN ›KUGUAR‹.

Ein Boot der KILO-Klasse (Projekt 877) in See.

Ein abgewracktes, halbgesunkenes GOLF-Boot ohne FK-Behälter.

Ein SSN der SIERRA-Klasse in See.

Die tabellarische Übersicht zeigt die Entwicklungsgeschichte der russischen U-Bootwaffe einschließlich der Import-, Beute- und Reparationsboote beginnend Mitte des vergangenen Jahrhunderts. Projekte, die auf dem Papier blieben, wurden nicht berücksichtigt. Die vor 1920 gebauten Boote werden hier einheitlich als ›Tauchboote‹ bezeichnet.

Anz.	Typ	Klasse/Name	Bemerkung	russisch	Zeit
Erste Konstruktionen					
1	Tauchboot	Projekt von Schilder	-	-	1834
1	Tauchboot	Projekt von Gerne	-	-	1864
1	Tauchboot	Projekt von Bauer	›SEETEUFEL‹	МОРСКОЙ ЧЁРТ	1856
1	Tauchboot	Projekt von Alexandrovskiy	pneumatischer Antrieb	-	1865
1	Tauchboot	Projekt von Dzhevetskiy I	mit Pedalantrieb	-	1877
50	Tauchboot	Projekt von Dzhevetskiy II/III	mit Pedalantrieb	-	1881
1	Tauchboot	ehem. Nordenfeldt-III-Boot	Schweden, + Überfahrt	IV	1882

Abriss des U-Bootbaues und des U-Bootbestandes in Russland und der UdSSR

Anz.	Typ	Klasse/Name	Bemerkung	russisch	Zeit
Einsatzfähige Tauchboote der russischen Flotte					
Russische Konstruktionen bis 1920					
1	Tauchboot	›DEL'FIN‹	Zerstörer Proj. 113/150	МИНОНОСЕЦ 150	1903
1	Tauchboot	›KETA‹	Dzhevetskiy-Projekt	КЕТА	1904
6	Tauchboot	KASATKA-Klasse	Zerstörer Proj. 140	КАСАТКА	1904
1	Tauchboot	›PETR KOSHKA‹	Kuteynikov-Projekt	ПЕТР КОШКА	1904
1	Tauchboot	›PORTARTURETS‹	Naletov-Projekt	ПОРТАРТУРЕЦ	1904
1	Tauchboot	›POCHTOVYY‹	Dzhevetskiy-Projekt	ПОЧТОВЫЙ	1908
1	Tauchboot	›MINOGA‹	das ›kleine‹ Boot	МИНОГА	1909
1	Tauchboot	›AKULA‹	das ›große‹ Boot	АКУЛА	1911
3	Tauchboot	Typ 27-B, Nr. 1-3	Klein-U-Boote	ПЛ 1-3	1912
1	Tauchboot	›KRAB‹	Naletov-Projekt III	КРАБ	1915
3	Tauchboot	MORZH-Klasse	-	МОРЖ	1915
12	Tauchboot	BARS-Klasse	1. Serie	БАРС	1915
7	Tauchboot	BARS-Klasse	2. Serie	КАГУАР	1916
10	Tauchboot	BARS-Klasse	Kriegsserie	ГАГАРА	1917
14+14	Tauchboot	G-1-Klasse	im Bau – abgebrochen	Г 1-28	1917
4+3	Tauchboot	V-1-Klasse	im Bau – abgebrochen	В 1-7	1917
10+10	Tauchboot	B-1-Klasse	im Bau – abgebrochen	Б 1-20	1917
0+4	Tauchboot	Z-1-Klasse	Bauvorbereitung	Ц 1-4	1917
Ausländische Konstruktionen bis 1920					
1	Tauchboot	ehem. ›FORELLE‹	Deutschland	ФОРЕЛЬ	1903
1	Tauchboot	Holland-7R, ehem. ›FULTON‹	USA	СОМ	1904
6	Tauchboot	Holland-7R ›SHCHUKA‹	USA/Russland	ЩУКА	1905
1	Tauchboot	Lake-Boot, ehem. US ›PROTECTOR‹	USA	ОСЕТР	1904
5	Tauchboot	Lake-Boote ›KEFAL‹	USA/Russland	КЕФАЛЬ	1905
4	Tauchboot	Lake-Boote ›KAYMAN‹	USA/Russland	КАЙМАН	1909
3	Tauchboot	KARP-Klasse	Deutschland	КАРП	1907
3	Tauchboot	Holland-27B, Nr. 1-3	Klein-Tauchboote	-	1914
3	Tauchboot	Holland-31A ›NARVAL‹	USA	НАРВАЛ	1915
1	Tauchboot	›SVYATOY GRORGIY‹	Italien	СВЯТОЙ ГЕОРГИЙ	1917
11	Tauchboot	Holland-602F AG-Klasse	USA	А.Г.	1916
U-Boot-Konstruktionen der UdSSR 1920-1945					
6	SS	D-Klasse	Serie I, Projekt 6	ДЕКАБРИСТ	1931
6	SS	L-Klasse	Serie II	ЛЕНИНЕЦ	1933
4	SS	SHCH-Klasse	Serie III	ЩУКА	1933
3	SS	P-Klasse	Serie IV	ПРАВДА	1936
12	SS	SHCH-II-Klasse	Serie V	ЩУКА	1933
13	SS	SHCH-II-Klasse	Serie V BIS-1 (ex. VIII)	ЩУКА	1934
14	SS	SHCH-II-Klasse	Serie V BIS-2	ЩУКА	1935
30	SS	M-Klasse	Serie VI	МАЛЮТКА	1934
20	SS	M-I-Klasse	Serie VI BIS	МАЛЮТКА	1935
3	SS	S-Klasse	Serie IX, Projekt 9	СРЕДНАЯ	1936
6	SS	L-II-Klasse	Serie XI, Projekt 6	ЛЕНИНЕЦ	1938
1	SS	Versuchsboot Regenerationsmotor	S-92	-	1938
7	SS	L-II-Klasse	Serie XIII	ЛЕНИНЕЦ	1938
38+9	SS	S-Klasse	Serie IX BIS, Projekt 9	СРЕДНАЯ	1939
45	SS	M-II-Klasse	Serie XII	МАЛЮТКА	1939
11	SS	K-Klasse	Serie XIV	КРАСНОГВАРДЕЕЦ	1939
32	SS	SHCH-III-Klasse	Serie X	ЩУКА	1940
9	SS	SHCH-IV-Klasse	Serie X BIS	ЩУКА	1941
7	SS	L-II-Klasse	Serie XIII	ЛЕНИНЕЦ	1938
6	SS	L-II-Klasse	Serie XIII BIS	ЛЕНИНЕЦ	1942
2	SS	Versuchsboote Regenerationsmotor	M-400 und M-401	-	1942
4	SS	M-III-Klasse	Serie XV, Projekt 96	МАЛЮТКА	1945
2+	SSC	Pigmey-Klasse, Zwerg-U-Boote	Projekt 95	ПИГМЕЙ	1940

Ein Jagd-U-Boot der AKULA-Klasse im Stützpunkt.

Jagd-U-Boot SSN der AKULA-Klasse auf See (Pazifikflotte).

Abriss des U-Bootbaues und des U-Bootbestandes in Russland und der UdSSR

Der Bugtorpedoraum eines modernen SS der KILO-Klasse.

Anz.	Typ	Klasse/Name	Bemerkung	russisch	Zeit
Ausländische Boote im Bestand					
Hebung, Beute, Reparation, Übertragung					
1	SS	›BEZBOZHNIK‹ ehem. ›L-55‹	ehem. Großbritannien	БЕЗБОЖНИК	1940
2	SS	KALEV-Klasse	ehem. Estland	КАЛЕВ, ЛЕМБИТ	1940
2	SS	RONIS-Klasse	ehem. Lettland	РОНИС, СПИДОЛА	1944
4	SS	V-Klasse	ehem. USA	В-1, В-2, В-3, В-4	1944
2	SS	TS-1-Klasse ›REKINUL‹	ehem. Rumänien	РЕКИНУЛ, МЕРСИНУЛ	1944
1	SS	TS-3-Klasse ›DELFINUL‹	ehem. Rumänien	ДЕЛЬФИНУЛ	1944
2	SS	›MAREA‹, ›NICHELIO‹	ehem. Italien	-	1946
4	SS	Typ VII C	ehem. Deutschland	H21-H24	1946
1	SS	Typ IX C/40	ehem. Deutschland	H25	1946
4	SS	Typ XXI	ehem. Deutschland	H27-H30	1946
1	SS	Typ XXIII	ehem. Deutschland	H31	1946
U-Boot-Konstruktionen der UdSSR ab 1945					
dieselgetriebene Torpedo-U-Boote (SS)					
33	SS	M-Klasse	Projekt 96 M (XV)	МАЛЮТКА-М	1947
7	SS	SHCH-Klasse	Nachkriegsbauten	ЩУКА	1948
11	SS	S-Klasse	Projekt 97 (IX-bis)	СРЕДНАЯ	1948
218	SS	WHISKEY-I-V-Klassen	Projekt 613	-	1951
20	SS	ZULU I-IV-Klassen	Projekt 611	-	1953
56	SS	QUEBEC-Klasse	Projekt 615	-	1953
29	SS	ROMEO-Klasse	Projekt 633	-	1959
62	SS	FOXTROT-Klasse	Projekt 641	-	1963
18	SS	TANGO-Klasse	Projekt 641B	СОМ (БУКИ)	1974
?	SS	KILO-Klasse	Projekt 636	-	1985
28+	SS	KILO Export (›Varshavyanka‹)	Projekt 877	ПАЛТУС	1990
0+	SS	AMUR 550/750/950/1450/1850	Projekt 677	-	2000
dieselgetriebene Raketen-U-Boote mit taktischer Raketenbewaffnung (SSG)					
1	SSG	WHISKEY SINGLE CYLINDER	Projekt P-613	-	1957
5	SSG	WHISKEY TWIN CYLINDER	Projekt 644	-	1958
6	SSG	WHISKEY LONG BIN	Projekt 665	-	1961
16	**SSG**	**JULIETT-Klasse**	**Projekt 651**	**-**	**1964**
dieselgetriebene Raketen-U-Boote mit ballistischen Raketen (SSB)					
6	SSB	ZULU-V-Klasse	Projekt 611AV	-	1957
38	SSB	GOLF-I/II, GOLF-I mod.-Klasse	Projekt 629/R/A	-	1959
1	SSB	GOLF-III-Klasse	Projekt 601	-	1970
1	SSB	GOLF-V-Klasse (Testboot)	Projekt 619	АНЧАР	?
Atom-U-Boote mit Torpedobewaffnung (SSN)					
1	SSN	NOVEMBER-Klasse, Testboot	Projekt 645	К-27	1963
13	SSN	NOVEMBER-Klasse	Projekt 627/A	К-3/КИТ	1959
17	SSN	VICTOR-I-Klasse	Projekt 671R	ЕРШ	1967
6	SSN	VICTOR-II-Klasse	Projekt 671RT	СЁМГА	1972
26	SSN	VICTOR-III-Klasse	Projekt 671RTM	ЩУКА	1980
?	SSN	VICTOR-IV-Klasse (später AKULA)	Projekt 671RTMK	ЩУКА	?
1	SSN	MIKE-Klasse	Projekt 685	ПЛАВНИК	1983
7	SSN	ALPHA-I/II-Klasse	Projekt 705/M	ЛИРА	1977
3	SSN	SIERRA-I-Klasse	Projekt 945	БАРРАКУДА	1987
1	SSN	SIERRA-II-Klasse	Projekt 945A	КОНДОР	1993
14	SSN	AKULA-I/II-Klasse	Projekt 971/M	ЩУКА-Б	1985

Abriss des U-Bootbaues und des U-Bootbestandes in Russland und der UdSSR

Anz.	Typ	Klasse/Name	Bemerkung	russisch	Zeit
Atom-U-Boote mit taktischen Raketen (SSGN)					
5	SSGN	ECHO-I-Klasse	Projekt 659	-	1961
29	SSGN	ECHO-II-Klasse	Projekt 675	-	1966
1	SSGN	PAPA-Klasse	Projekt 661	АНЧАР	1969
11	SSGN	CHARLIE-I-Klasse	Projekt 670	СКАТ	1971
6	SSGN	CHARLIE-II-Klasse	Projekt 670M	СКАТ-М	1988
1+	SSGN	CHARLIE-III-Klasse	Projekt 670M?	ЧАЙКА-Б	1994
2	SSGN	OSCAR-I-Klasse	Projekt 949	ГРАНИТ	1980
8	SSGN	OSCAR-II-Klasse	Projekt 949A	АНТЕЙ	1991
1+	SSGN	GRANAY-Klasse ›SEVERODVINSK‹	Projekt 885	ЯСЕНЬ	2002
Atom-U-Boote mit ballistischen Raketen (SSBN)					
8	SSBN	HOTEL-I/II-Klasse	Projekt 658/M	-	1960
33	SSBN	YANKEE-I/II-Klasse	Projekt 667	НАВАГА	1967
18	SSBN	DELTA-I-Klasse	Projekt 667B	МУРЕНА	1972
4	SSBN	DELTA-II-Klasse	Projekt 667BD	МУРЕНА-М	1975
14	SSBN	DELTA-III-Klasse	Projekt 667BDR	КАЛЬМАР	1976
7	SSBN	DELTA-IV-Klasse	Projekt 667BDRM	ДЕЛЬФИН	1982
6	SSBN	TYPHOON-Klasse	Projekt 941	АКУЛА	1978
1+	SSBN	BOREY-Klasse	Projekt 955	БОРЕЙ	2001
U-Boote mit Sonderfunktionen (SST, SSQ, SSR, SSC) (Rettungs-, Trainings-, Versuchs-, Radar-, Aufklärungs-, Kommunikations-, Spionageboote)					
1	SS	BELUGA-Klasse	Projekt 1710	МАКРЕЛЬ	1987
4	SST	BRAVO-Klasse	Projekt 690	КЕФАЛЬ	1968
2	SS	INDIA-Klasse	Projekt 940	ЛЕНОК	1976
1	SS	LIMA-Klasse	Projekt 1840	-	1979
2	SSC	LOSOS-Klasse	Projekt 865	ПИРАНЬЯ	1988
1	SS	WHALE-Klasse (›S-99‹)	Projekt 617	-	1955
5	SSR	WHISKEY CANVAS BAG	Projekt 640	-	1975
?	SS	WHISKEY, Froschmann-Boot	Projekt 666	-	?
2	SSN	UNIFORM-Klasse	Projekt 1910	КАШАЛОТ	1983
1+	SSN	MIDGET-Klasse	Projekt 1083.1	-	?
?	SSQ	GOLF-Klasse	Projekt 629KO	-	?
1	SSN	X-RAY	Projekt 1851	АС-11	1982

SSN der AKULA-Klasse im Stützpunkt bei der Torpedoübernahme.

Transport eines SS der KILO-Klasse via Transportschiff nach China.

Vor Inbaugabe der U-Bootsklassen sind Studien und Vorprojekte in Auftrag gegeben worden. Ein Teil der Ideen und Vorhaben konnten aus unterschiedlichen Gründen nicht umgesetzt werden. Stellvertretend für eine Vielzahl nicht verwirklichter Projekte in der Periode nach 1945 seien hier genannt:

Projekt 612:	verbesserte M-Klasse, 400t, 1947, Dieselantrieb
Projekt 614:	URSULA-Klasse als Weiterentwicklung des deutschen Typ-XXI-Bootes
Projekt 616:	ähnlich dt. XXVI-Klasse
Projekt P-627A:	modifizierte NOVEMBER-Klasse mit zwei schweren Flugkörpern ›P-20‹, Atomantrieb
Projekt 632M:	großes Minen-U-Boot, Atomantrieb
Projekt 639:	kleines SSBN mit 3 Raketen auf der Basis Projekt 627, Atomantrieb
Projekt 648:	Transport-U-Boot mit 6.300t, Dieselantrieb
Projekt 648M:	großes Transport-U-Boot, Atomantrieb
Projekt 649:	Torpedo-U-Boot mit 2.530t, Dieselantrieb
Projekt 653:	Serie des Projektes P-627A mit zwei schweren Flugkörpern ›P-20‹, Atomantrieb
Projekt 660:	ozeanfähiges Flugkörper-U-Boot mit zwei schweren Flugkörpern ›P-20‹, Dieselantrieb
Projekt 664:	Transport-/Minen-U-Boot, Atomantrieb
Projekt 669:	schweres Jagd-U-Boot, Atomantrieb
Projekt 679:	kleines SSBN auf Basis Projekt 671 SSN VICTOR-Klasse, Atomantrieb
Projekt 687:	kleines SSBN auf Basis Projekt 705 SSN ALPHA-Klasse, Atomantrieb
Projekt 717:	Transport-U-Boot mit 18.000t, Atomantrieb
Projekt 748:	Landungs-U-Boot von 1964, Atomantrieb
Projekt 927:	Landungs-U-Boot oder U-Tanker von 1973, Dieselantrieb

Abriss des U-Bootbaues und des U-Bootbestandes in Russland und der UdSSR

Desweiteren existierten und existieren innerhalb der jeweiligen U-Bootsklassen eine kaum mehr nachvollziehbare Anzahl von Modifikationen, Testversionen, Umbauten und Weiterentwicklungen. So ist beispielsweise ein Teil der Boote der ZULU-Klasse und der WHISKEY-Klasse so umgebaut worden, dass sie als solche kaum noch zu erkennen waren.

Für westliche Marinenachrichtendienste und Analytiker war (und ist) das eine harte Nuss. Alleine bei den WHISKEYs sind fast 30 unterschiedliche Projektkürzel, bei den ZULUs über 20 nachweisbar. Der Einsatz dieser veränderten Boote reichte von Testplattform für Raketen unterschiedlichster Art über Rettungsträger, Testboote für Silber-Zink-Akkumulatoren, strömungsoptimierte Varianten, Forschungsboote, Tieftauchversionen, Boote mit verbesserten (z.T. großen) Sonardomen bis hin zu Erprobungs-Minenlegern.

Das schnellste je gebaute U-Boot stammt aus sowjetischer Konstruktion. Es handelte sich um das Projekt 661 ›ANCHAR‹ (SSGN der PAPA-Klasse), in Dienst gekommen um 1969. Es erreichte 44,5 kn, das sind über 82 km/h. Nur ein Boot dieser Klasse ist gebaut worden. Der Geräuschpegel bei Maximalfahrt war aber unverhältnismäßig hoch.
Im Bootsinneren traten so hohe Geräusche auf, dass ein Gespräch nicht mehr geführt werden konnte. Die Linie der Hochgeschwindigkeits-U-Boote ist später aufgegeben worden. Statt dessen legte die sowjetische Marine mehr Wert auf eine effektive Minimierung der vorhandenen Schiffsfelder, insbesondere der Sonar- und Radarsignatur.

Im Endeffekt wurden die Boote zwar langsamer, aber dafür schlechter auffindbar. Die US-Navy erkannte dieses schon früher.
Ihre U-Boote fuhren nicht sehr schnell, waren aber geräuschminimiert.

Das einzelne Test-U-Boot der BELUGA-Klasse.

Das BELUGA-Boot von achtern.

Klein-U-Boote der LOSOS-Klasse (Sondereinsätze).

Versuchs-U-Boot SSGN der PAPA-Klasse in See.

Die Flügelraketen ›P-5‹, ›P-5D‹, ›P-6‹ und der taktische Einsatz

Die Rakete ›P-6‹ im Museum Sevastopol. Foto: Mehl

Start der Rakete ›P-6‹ von einem U-Boot.

Die sowjetischen U-Boot-Flügelraketen stellten die ersten Marine-Kernwaffenangriffsmittel dar, die das Territorium der USA direkt erreichen konnten und somit strategischen Charakter trugen. Die davor verfügbaren und favorisierten Torpedos mit Kernsprengkopf zeigten im Vergleich zu den Flugkörpern nur begrenzte Erfolgsaussichten und ›Leistungsfähigkeit‹. Mit Hochdruck ist an verschiedenen Raketentypen unterschiedlicher Zweckbestimmung gearbeitet worden.

Die Flügelraketen ›P-5‹, ›P-5D‹, ›P-6‹ und der taktische Einsatz

Bei den taktischen Mittelstrecken-Flugkörpern kristallisierten sich zwei unterschiedliche Entwicklungsrichtungen heraus:

- Flugkörper zur Bekämpfung des gegnerischen Territoriums mit Trägheits-Lenksystem,
- Flugkörper zur Bekämpfung von Schiffszielen.

Durch die Fertigung von mehr und mehr treffgenauen sowie weitreichenden ballistischen Raketen der Typen

- ›RSM-20‹ (SS-N-5 ›Sark‹) Komplex ›D-4/R-21‹
- ›RSM-25‹ (SS-N-6 ›Serb‹) Komplex ›D-5/R-27‹
- ›RSM-40‹ (SS-N-8 ›Sawfly‹)Komplex ›D-8/R-29‹

und deren Dislozierung auf U-Booten zwischen 1958 und 1970 ging die Bedeutung der Schiff-Land-FK deutlich zurück. Mit der Reichweite, Anfluggeschwindigkeit und der Penetrationsfähigkeit in gesichertes und verteidigtes Gebiet konnten diese nicht mithalten.

Anders sah es beim Einsatz gegen Schiffsziele aus. Unter Zuhilfenahme unterschiedlicher Zielortungs- und Leittechniken (auch mit Fühlungshalter = Fremdorter: Flugzeug, Schiff, U-Boot) sahen die sowjetischen Militärs gute Chancen, gesicherte westliche Kampfverbände und Transportkonvois mit vertretbarem Risiko angreifen zu können. Glücklicherweise ist der Welt dieser Nachweis in einer militärischen Auseinandersetzung erspart geblieben.

Start einer SS-N-12 von einem U-Boot Projekt 659 (SSGN ECHO-I-Klasse).

In der Mitte der 50er Jahre sind zwei konkrete Entwürfe für Raketen Schiff-Land von unterschiedlichen Kostruktionsbüros ausgearbeitet worden: die Rakete ›P-10‹ aus dem Büro von Beriev und die ›P-5‹ aus dem Hause Tshelomey.

Die taktisch-technischen Daten beider Typen waren ungefähr gleich: Reichweite um 500 km, Marschgeschwindigkeit knapp im Überschallbereich, Turbostrahltriebwerk, je zwei Startbooster und den gleichen Nuklear-Sprengkopf ›RDS-4‹. Die Flughöhe pendelte zwischen 200 m – 400 m.

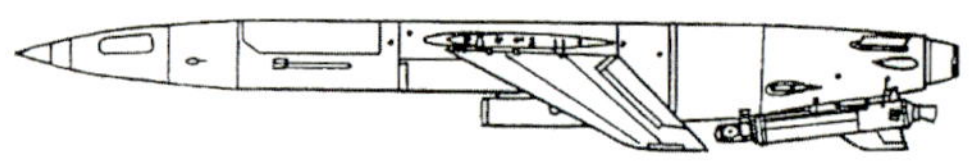

Riss der Rakete ›P-5‹.

Die ›P-10‹ wurde auf dem U-Boot ›B-64‹ des Projektes 611 (SS ZULU-Klasse) erprobt. Entsprechend des Ministerratsbeschlusses der UdSSR Nr. 1602-892 vom 25.08.1955 ist daraufhin das U-Boot-Projekt 642 mit zwei Raketen ›P-10‹ erarbeitet worden. Kurze Zeit später brach man dieses Programm ab (Beschluß des Ministerrates der UdSSR Nr. 1149-52 vom 17.08.1956).
Statt dessen begannen im April 1956 die Arbeiten am Projekt 646, ebenfalls mit der Rakete ›P-10‹. Trotz dieser Aktivitäten ist die ›P-10‹-Rakete von der ›P-5‹ verdrängt worden. Der Hauptunterschied zwischen beiden Typen lag im Flügel-Klappmechanismus ›ARK-5‹ der ›P-5‹, über den die ›P-10‹ nicht verfügte. Die Ausmaße des Transport- und Startcontainers verringerten sich dadurch gravierend.

Der erste Start der ›P-5‹ erfolgte ohne Marschtriebwerk am 12. März 1957 auf dem Polygon ›NII-2‹ in Faustov. Die Reichweite hing sehr stark von den Lufttemperaturen ab. In den Grenzbereichen von +40°C bis -24°C schwankte die Reichweite von 650 km bis 431 km, die mittlere Geschwindigkeit von 338 m/s bis 384 m/s.

Die Flügelraketen ›P-5‹, ›P-5D‹, ›P-6‹ und der taktische Einsatz

Die erste Etappe der Flugerprobungen wurde im Stützpunkt Balaklava im Schwarzen Meer auf der schwimmenden Plattform 4A vom August 1957 bis März 1958 durchgeführt. Verwendet wurden Container vom Typ ›SM-49‹. Erstmalig startete die ›P-5‹ vom U-Boot ›S-146‹ im November 1957. Danach folgten vom 28. August 1958 bis November 1959 noch 21 Versuche. Mit dem Beschluß des Ministerrates Nr. 685-131 vom 19.06.1959 ist der Komplex ›P-5‹ in die Bewaffnung der Flotte aufgenommen worden.

Es zeigte sich, daß die ›P-5‹-Rakete Nachteile besaß. Start nur in Überwasserlage, mangelnde Treffergenauigkeit (spielte bei einem Kernsprengkopf jedoch eine untergeordnete Rolle), die Flugbahn über Land mußte eben sein (keine Berge), desweiteren Einschränkungen in Bezug auf die Windgeschwindigkeit und die Windrichtung. Ein Teil dieser Unzulänglichkeiten sind durch Modernisierungen kompensiert worden, die das Konstruktionsbüro OKB-52 von 1958-1962 durchführte.

Die neue Rakete hatte die Bezeichnung ›P-5D‹ und hatte die ersten Flugerprobungen zwischen September 1959 und Juli 1961. Die Borderprobungen fanden auf dem umgerüsteten U-Boot ›S-162‹ vom Projekt 644D (SSG WHISKEY TWIN CYLINDER-Klasse) statt.
Die Einführung des Systems entsprechend Beschluß des Ministerrates erfolgte am 02. März 1962. Nach der ›P-5D‹ ist nur noch ein Flügel-Raketensystem Schiff-Land für U-Boote entwickelt worden: die ›P-7‹.
Die Konstruktion ist aber am 2. August 1965 abgebrochen worden. Die Aufgabe des Angriffs auf gegnerisches Gebiet übernahmen ballistische Raketen. Erst viel später in den 80er Jahren ist die Bewaffnung von U-Booten mit Marschflugkörpern vom Typ Schiff-Land wieder aktuell geworden.

Die Schiff-Schiff-Rakete für U-Boote ›P-6‹ (SS-N-3a) basierte auf einem Beschluß des Ministerrates Nr. 1149-592 vom 17. August 1956. Das Konstruktionsbüro OKB-52 war mit der Entwicklung beauftragt worden. Die Rakete sollte mit einem wechselnden Flugprofil in unterschiedlichen Höhen fliegen.
Die große Höhe war für die Radar-Zielsuche und die Funkverbindung / Datenübertragung zum U-Boot notwendig. War das Ziel in direkter Ortung gefunden worden, gab es eine direkte Zieldatenübertragung an das U-Boot zum Operations-Offizier. Dieser traf die Zielauswahl. Danach sind die ausgewählten Zielkoordinaten an das Funkmess-Visier der Rakete übermittelt worden, die Rakete beendete das Regime ›Zieldatenübertragung‹, ging in eine niedrigere Flughöhe und auf Zielkurs, ohne den Radar-Kontakt zu verlieren.
Die unmittelbare Zielanflugphase erfolgte in einem sehr steilen Winkel, d.h. im Sturzflug, um die Abwehrmöglichkeiten des Angegriffenen einzuschränken. Desweiteren ist ein autonomes Schießen der Flugkörper ohne Zieldatenübertragung und Lenkung vom U-Boot aus möglich gewesen.

Zielzuweisungsflugzeug ›TU-95TS‹.

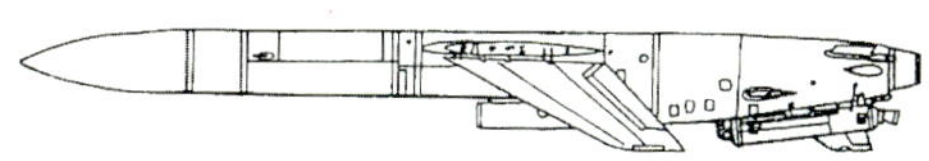

Riss der Rakete ›P-6‹.

Dabei konnte eine Salve aus allen Startcontainern geschossen werden. Eine Selektion des größten Zieles aus einer Gruppe ist während des Zielanfluges möglich gewesen.

Die Konstruktion der ›P-6‹ ähnelte in vielen Bereichen der ›P-5‹. Beide besaßen die gleichen aerodynamischen Charakteristika, die gleichen Start-Booster und die gleichen Container. Das Startgewicht der Rakete betrug ca. 5400 kg, der Gefechtskopf wog um 930 kg.

Die Flügelraketen ›P-5‹, ›P-5D‹, ›P-6‹ und der taktische Einsatz

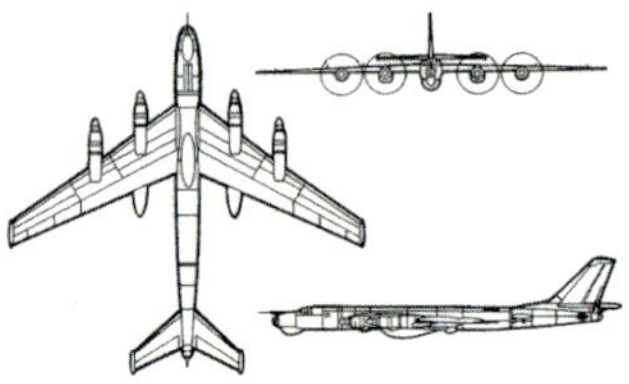

Risse des Zielzuweisungsflugzeuges ›TU-95TS‹.

Die erste Etappe der Flugerprobungen wurde – wie bei der ›P-5‹ – im Stützpunkt Balaklava im Schwarzen Meer auf der schwimmenden Plattform 4A vom 23. Dezember 1959 bis Juli 1960 durchgeführt. Fünf Raketenstarts erfolgten ohne Funkmess-Apparaturen. Diese Erprobungsphase verlief überwiegend erfolgreich. Die zweite Etappe der Flugerprobungen fand vom Juli bis Dezember 1960 ca. 30 km westlich von Severodvinsk im nördlichen Polygon auf der Kola-Halbinsel in der Dvinska Guba (Bucht der – nördlichen – Dvina) statt. Die Starts erfolgten mit festen und beweglichen Startcontainern (für die Simulation der Schlinger-, Krängungs- und Gierbewegungen) zuerst an Land, danach auf U-Booten. Nach Änderungen im Lenksystem ›Antey‹ ist die Rakete für Borderprobungen auf einem U-Boot vom Projekt 675U (Modifikation der SSGN ECHO-II-Klasse) von Juli bis Oktober 1963 freigegeben worden.

Die Rakete ›P-6‹ im Museum Sevastopol'.
Foto: Mehl

Bei fünf Raketenstarts gab es zwei Direkttreffer in das Zielschiff, das daraufhin sank. Während der dritten Etappe von Oktober bis Dezember 1963 mit Starts von U-Booten der Projekte 651 (SSG JULIETT-Klasse) und Projekt 675 (SSGN ECHO-II-Klasse), sind von zwölf Versuchen sieben Direkttreffer erzielt worden.

Mit Beschluss des Ministerrates vom 23. Juni 1964 ist der Raketen-Komplex ›P-6‹ in die Bewaffnung der o.g. beiden U-Boot-Klassen aufgenommen worden. Bis zu diesem Zeitpunkt erfolgten 46 gelungene Starts.

Die vorgesehene große Gefechtsentfernung der ›P-6‹, die die direkte Radarsicht um ein mehrfaches übertraf, erforderte letztlich ein Fühlungshalter-System der Fremd-Zielortung und der Zielzuweisung. Dieses System bestand aus einem Bord-Radarkomplex zur Ortung von Überwasserzielen und einer Zieldatenübertragungsanlage, die von Flugzeugen vom Typ ›TU-16RZ‹ (NATO: ›BADGER‹), ›TU-95RZ‹ (NATO: ›BEAR‹) und Hubschraubern ›KA-25RZ‹ (NATO: ›HORMONE‹) eingesetzt werden konnten sowie entsprechende Empfangsanlagen an Bord des U-Bootes.
Mit diesem um 1965 in die Flotte eingeführten System ist die Zieldatenermittlung Flugzeug-Ziel und die Zieldatenübertragung Flugzeug-Raketenträger mit Radarbild erfolgreich und in Echtzeit (realtime) verwirklicht worden.
Die große Reichweite der ›TU-95RZ‹ (›BEAR‹) erlaubte die Zielsuche nach Überwasserschiffen und die Zieldatenübermittlung auf einer Distanz von bis zu 7000 km.

Eine spätere Nachrüstung einiger JULIETT-Boote auf verbesserte Flugkörper ist sehr wahrscheinlich. Durch westliche Beobachter wurden Ausrüstungsteile am Turm festgestellt, die den funk- und leittechnischen Anlagen der Nuklear-U-Boote des Projektes 675 (SSGN ECHO-II-Klasse) ähnelten. Diese sind mit ähnlichen Flugkörpern des Typs ›P-35‹ (SS-N-3b ›Shaddock Sepal‹)[9] nachgerüstet worden. Ein Boot (vermutlich ›B-85‹) ist mit dem Flugkörper ›P-500 Basal't‹ (SS-N-12 ›Sandbox‹) ausgestattet worden. Es trug nach westlichen Quellen die Projektbezeichnung 651M.

9 Die NATO-Designation ›Shaddock‹ umfaßt sehr verschiedene Flugkörpertypen mit unterschiedlichen Aufgaben, taktisch-technischen Daten und Trägern.

Die Flügelraketen ›P-5‹, ›P-5D‹, ›P-6‹ und der taktische Einsatz

Die Raketen ›P-5‹, ›P-5SN‹ (optimiert gegen Küstenziele) und ›P-5RG‹ (optimiert gegen Schiffsziele):

NATO-Bezeichnung:	SS-N-3c ›Shaddock Non Homing‹
Einführungsjahr:	1959
Reichweite im direkten Schuß:	bis 574 km bei +20 °C (nach dem Prinzip ›shoot and forget‹, schießen und vergessen)
Reichweite mit Fremdorter:	technisch nicht möglich
Trägerschiffe:	Projekt P-613 (SSG WHISKEY SINGLE CYLINDER-Klasse) Projekt 644 (SSG WHISKEY TWIN CYLINDER-Klasse) Projekt 665 (SSG WHISKEY LONG BIN-Klasse) Projekt 659 (SSGN ECHO-I-Klasse)
Flughöhe:	275 m – 3660 m
Geschwindigkeit:	345 m/s bei +20 °C
Startmasse:	4,5 t
Antrieb:	Start: 2 Feststoffbooster; Marschflug: 1 Turbostrahltriebwerk
Gefechtskopf:	konventionell: nicht bekannt nuklear: ›RDS-4‹ mit ca. 350 kt
Lenkung:	Autopilot ›AP-70‹ mit Trägheitslenkung, bei der ›P-5RG‹ ab 1959 mit Radarsuchkopf
Höhenmesser:	barometrisch, ab 1959 mit der Rakete ›P-5SN‹ radiometrisch (Funk)
Abmessungen [L/B/Spannweite]:	10,80/0,90/2,60 m
Schutz:	ab 1962 Anti-Radar-Schutzschicht ›KHB-10‹

Ein Zielzuweisungsflugzeug ›TU-95TS‹ in Begleitung eines US-Jägers F-4E »Phantom«.

Die Rakete ›P-5D‹:

Daten wie bei der ›P-5‹ zzgl. Doppler-Messgerät. Die Treffergenauigkeit lag damit zwei bis dreimal höher. An Bord ist ein hochgenauer Radio(Funk)-Höhenmesser ›RW-5M‹ eingebaut worden, dadurch wurden Flughöhen unter 250 m möglich.

Die Rakete ›P-6‹ ›Progress‹ (gegen Schiffsziele):

NATO-Bezeichnung:	SS-N-3a ›Shaddock Anti Ship‹
Einführungsjahr:	1964
Reichweite im direkten ›Schuß‹:	ca. 70 km
Reichweite mit Zielauswahl:	bis 250 km
Reichweite ohne Zielauswahl:	bis 350 km
Trägerschiffe:	Projekt 651 (SSG JULIETT-Klasse) Projekt 675 (SSGN ECHO-II-Klasse)
Flughöhe:	300 m – 4000 m
Geschwindigkeit:	1250 m/s
Startmasse:	5,4 t
Antrieb:	Start: 2 Feststoffbooster; Marschflug: 1 Turbostrahltriebwerk
Gefechtskopf:	konventionell: Reaktiv-Sprengkopf 4Г-48 ›4G-48‹ mit 930 kg nuklear: РДС-4 ›RDS-4‹, ca. 350 kt
Lenkung:	Autopilot, Aktivradar, mit Lenksystem ›Antey‹
Abmessungen [L/B/Spannweite]:	10,20/0,90/2,60 m

Die Startbooster der Rakete P-6 (Museum Sevastopol').

Die Entwicklung des Projektes 651

Die Entwicklung des Projektes 651

10 Hierbei nicht berücksichtigt sind neuere U-Boote mit den ›Tomahawk‹-ähnlichen Flugkörpern ›RKP-55 GRANAT‹ (SLCM SS-N-21 ›SAMPSON‹), die aus Torpedorohren abgefeuert werden können.

Das Projekt 651 (SSG JULIETT-Klasse) ist gleichbedeutend mit der letzten Entwicklungsstufe von konventionell angetriebenen Trägern für taktischen Mittelstrecken-Flugkörper[10]. Als Vorläufer dieses Projektes sind mehrere Vorentwürfe bekannt geworden, die aber teilweise nicht über das Stadium des technischen Projektes hinaus kamen:

- Projekt 641B als Modifikation des konventionellen Ozean-Bootes Projekt 641 (FOXTROT-Klasse) als Träger für vier Raketen ›P-5‹, speziell vorgesehen für Angriffe auf das US-Territorium.

- Projekt 642 mit Silber-Zink-Akkumulatoren und vier Flugkörpern ›P-10‹. Schiffbauliche Basis war ebenfalls das Ozean-Boot Projekt 641 (FOXTROT-Klasse).

- Projekt 646. Die Konstrukteure erkannten, dass mit den relativ schlanken Basis-Rümpfen die Zuladung von vier Raketen und die dazugehörige Feuerleittechnik nicht zu handhaben war. Sie überarbeiteten den Entwurf 642 mit größerem Druckkörper-Querschnitt und besserer Stabilität. Die Entwicklung von 646 wurde in zwei Varianten vorangetrieben: mit der Rakete ›P-5‹ und der Rakete ›P-10‹. Am 31.12.1957 sind die Arbeiten auf Weisung der Regierung beendet worden.

- Projekt 633B. Eine parallele Entwicklung auf der schiffbaulichen Grundlage des Projektes 611 (ZULU-Klasse). Dieses Projekt wurde für den Abschuss der Rakete ›P-5SN‹ auf Ziele in Europa und in Japan optimiert. Der Abbruch der Arbeiten erfolgte möglicherweise in einem sehr frühen Stadium.

Projekt 651 fußte auf den Arbeits- und Projektierungsergebnissen von Projekt 646 und zeigte in den Hauptausrüstungsteilen eine auffallende Übereinstimmung mit dem Entwurf des konventionellen Hochsee-Torpedo-U-Bootes Projekt 641 (FOXTROT-Klasse).
Die Rumpfkonstruktion ist aber aus Stabilitätsgründen wesentlich verändert und überarbeitet worden. Von den ursprünglich vorgesehen 72 Einheiten sind 35 geplant (fünf Abteilungen zu je sieben Booten), letztlich aber nur 16 gebaut und in den Flottenbestand überführt worden.
Die Reduzierung des Bauprogramms ist der zunehmenden Verfügbarkeit der nuklear angetriebenen U-Boots-Klassen geschuldet.
Parallel zur Entwicklung der JULIETT-Klasse erfolgte – wie oben erwähnt – der forcierte Bau von nukleargetriebenen Booten der Projekte 659 (SSGN ECHO-I-Klasse) und 675 (SSGN ECHO-II-Klasse). Bis zur vollen Verfügbarkeit aller Atom-U-Boote dienten die bewährten Dieselkonstruktionen in den einzelnen Flotten und erfüllten Aufgaben im taktischen und operativen Bereich.

Im Gegensatz zu den U-Booten mit ballistischen Raketen, die diese in senkrechter Position an Bord lagern und auch starten, sind die Flugkörper bei den ›PLRK‹ (SSG) und ›PLARK‹ (SSGN) in waagerechter oder angewinkelter Position am oder auf dem Bootskörper angebracht. Zum Starten werden die Startbehälter bei den Bootsklassen mit waagerechter Lagerung in einem bestimmten Winkel nach oben gefahren und die Rakete gestartet. Dieses Prinzip ist heute überholt, da das U-Boot zum Start der Flugkörper auftauchen musste. Bei neueren Vertretern dieser Schiffsklasse sind die Flugkörper jeweils an Backbord- und Steuerbordseite am Rumpf oder im Bugteil in einem festen Startwinkel untergebracht.
Dieses trifft u.a. für die im Dienst befindlichen ›PLARK‹ – Atom-U-Bootkreuzer 1. Ranges – Projekt 949 ›GRANIT‹ und 949A ›ANTEY‹ (SSGN OSCAR-I-Klasse und SSGN OSCAR-II-Klasse) zu.

Die Entwicklungsrichtung von flügelraketentragenden Schiffen und U-Booten ist auch in westlichen Marinen erprobt, aber nicht weiterentwickelt worden.
Die Erfolgsaussichten derartiger U-Boot-Attakken gegen moderne Flottenverbände mit stark ausgeprägter U-Boot-Abwehrtechnologie sind hier augenscheinlich anders bewertet worden.
Herausragende Beispiele stellten die US-Raketen vom Typ ›REGULUS-1‹ und ›REGULUS-2‹ dar. Diese Marschflugkörper (RGM-6) sind Ende der 50er Jahre entwickelt und auf Überwasserschiffen und U-Booten eingebaut worden. Die U-Boote USS ›HALIBUT‹ SSGN 587 (nukleargetrieben) und die Diesel-Boote

U-461 im Februar 1999 an der Pier in Peenemünde – vor der Restaurierung.
Blick von Steuerbordseite aus Wasserlinienhöhe auf den Besuchereingang.
Vorne befindet sich das eingeklappte Steuerbord-Tiefenruder.

Projekt 651 Entwicklung und Projektierung

USS ›HALIBUT‹, USN, feuert einen ›REGULUS‹-Flugkörper.

USS ›GRAYBACK‹ SSG 574, USS ›GROWLER‹ SSG 577, USS ›TUNNY‹ SSG 282 und USS ›BARBERO‹ SSG 317 gehörten zum REGULUS-Programm der US-Navy.
Im Zuge der breiten Einführung von strategischen U-Booten mit ballistischen Raketen hat die USA von dieser Art Raketenbewaffnung Abstand genommen und das Programm 1964 abgebrochen – just mit der breiten Einführung derartiger Flugkörper in der Sowjetmarine.

Unterschiedlicher können die Analysen und Herangehensweisen im Osten und im Westen kaum dargestellt werden. Die UdSSR entwickelte diese Bewaffnungslinie bis in die heutige Zeit beständig weiter. Nach der Erreichung der Unterwasserstartfähigkeit wurden im Laufe der weiteren Entwicklung die Geschosse so verkleinert, dass sie letztlich auch durch die Torpedorohre abgefeuert werden konnten. Der Einsatz gegen Landziele spielt dabei ebenfalls eine Rolle.
Ende der 70er Jahre griffen die USA die Idee von den Flügelraketen wieder auf. Für die einzelnen Teilstreitkräfte sind diese in unterschiedlichen Varianten zum Einsatz gekommen. Die Marine erhielt sie in Form der unterschall fliegenden und auch von U-Booten abzufeuernden Cruise-Missile BGM-109 ›TOMAHAWK‹.
Die USS ›GROWLER‹ liegt jetzt als Museumsschiff im Intrepid Sea, Air and Space Museum auf dem Hudson-River in Manhattan/New York City.

Projektierung[11]

Das Skizzenprojekt ›Großes Diesel-U-Boot mit Raketen und Silber-Zink-Akkumulatoren‹ (das spätere Projekt 651) entstand auf der Grundlage der UdSSR-Ministerratsbeschlüsse Nr. 1149-592 und Nr. 1190-610 vom 17. August 1956 sowie der taktisch-technischen Aufgabenstellung der Seekriegsflotte vom 28. Januar 1957. Danach sollte diese U-Boots-Klasse mit Flügelraketen vom Typ ›P-5‹ (SS-N-3c ›Shaddock Non Homing‹) gegen Küstenziele und ›P-6‹ (SS-N-3a ›Shaddock Anti Ship‹) gegen Schiffsziele bewaffnet werden.

Später kamen noch andere Bewaffnungsvarianten hinzu: die ›P-35‹ (SS-N-3b ›Shaddock Sepal‹) sowie die Umrüstung eines Bootes (vermutlich ›B-85‹) auf die Rakete ›P-500 Basal't‹ (SS-N-12 ›Sandbox‹), die ebenfalls mit atomaren Sprengköpfen bestückt werden konnte.

Die Bewaffnungsvariante ähnelte dem nukleargetriebenen Schwestertyp der JULIETT, den U-Booten vom Projekt 675 M (SSGN ECHO-II-mod.-Klasse). Eine weitere Nachrüstungsstufe mit dem Flugkörper ›P-700 Granit‹ (SS-N-19 ›Shipwreck‹) konnte nicht nachgewiesen werden.

Im Mai 1958 ist das auf dieser Grundlage erarbeitete Skizzenprojekt bestätigt worden. Es begann die Erarbeitung des Technischen Projektes, das im Januar 1959 verteidigt und bestätigt wurde.
Chefkonstrukteur A. C. Kassatser vom Konstruktionsbüro ZKB-18 RUBIN ›Zentralnyy Konstruktorskiy Byuro Rubin‹ (Zentrales Konstruktionsbüro RUBIN Nr. 18) in Leningrad (St. Petersburg) leitete die Entwicklungsarbeiten. Dieses Konstruktionsbüro ist von Beginn der 40er Jahre führend für die Organisation des sowjetischen U-Boot-Baues zuständig gewesen.

1950 begannen Projektstudien für die Einführung von Flügelraketen (z.T. direkte Nachbauten der deutschen V 1)[12] in die Flotte, speziell auf U-Booten. Höhepunkt dieser Arbeiten war die Ausrüstung verschiedener U-Boots-Klassen mit den Flügelraketen ›P-5‹, ›P-5D‹ und ›P-6‹, so u. a. Projekt 659 (SSGN ECHO-I-Klasse), Projekt 675 (SSGN ECHO-II-Klasse) und Projekt 651 (SSG JULIETT-Klasse). Ab 1956 war das ZKB-18 RUBIN damit beschäftigt, die künftigen Atom-U-Boote des Projektes 658 (SSBN HOTEL-I-Klasse) mit ballistischen Raketen zu bewaffnen.
Von 1963 bis 1972 erfolgte die Ausrüstung von sieben U-Booten Projekt 658 M (SSBN HOTEL-II-Klasse) mit dem Raketenkomplex ›RSM-20 D-4‹ (SS-N-5 ›Sark‹).
Ab 1965 folgten Arbeiten am Projekt 667 B ›MURENA‹ (SSBN DELTA-I-Klasse) mit ballistischen Interkontinentalraketen ›R-29 D-9‹ (SS-N-8 ›Sawfly‹) als Ablösemodell des 667 A-Projektes (SSBN YANKEE-Klasse).

11 Die Beschreibung basiert auf den am Ende angegebenen russischen Quellen. Diese beschreiben z.T. den Stand der Projektierung und Konstruktion und können in Einzelheiten von den technischen Details des Bootes ›B-24/B-124‹ abweichen. Trotz der angestrebten Seriengleichheit existierten von Boot zu Boot Unterschiede und es gab im Laufe der Dienstzeit Veränderungen, Umbauten und Modernisierungen.

12 Siehe auch Wilfried Kopenhagen ›Die V1 und ihre sowjetischen Kinder‹, in: Waffen-Arsenal, Special Band 24, Podzun-Pallas-Verlag 1999.

Bau und Erprobung der Boote

Die Erarbeitung der Konstruktionszeichnungen und der Dokumentation begann im ersten Quartal 1959 und wurde Anfang 1960 abgeschlossen. Anhand von 1:1-Modellen der Abteilungen konnte die Lage von Geräten und die Unterbringung der Besatzung optimiert werden. Die Modelle fertigten drei Werftbetriebe.

Der Baubeginn des ersten Bootes mit der Werftbau-Nr. 552 – später ›K-156‹ ›B-156‹ – war am 16. November 1960 im Schiffbaubetrieb Nr. 189 ›Baltiyskaya Verf‹ (Baltische Werft) in Leningrad, der Stapellauf am 31. Juli 1962. Die nachfolgenden B-Prüfungen (Standerprobung an der Pier) begannen am 27. August 1962, die C-Prüfungen (Werkfahrtprüfungen) ab 22. Dezember des gleichen Jahres in den Seegebieten von Tallinn und Baltiysk (dt. Pillau).
Am 21. Mai 1963 ist das erste Boot der Staatlichen Abnahmekommission vorgestellt und am 10. Dezember 1963 mit der Unterzeichnung der Abnahmeakte abgenommen worden.

Der Bau und die Erprobungen des Projektes 651 legten einige Schwächen offen. Die eingebauten Dieselmotoren vom Typ ›1D43‹ mußten ab dem ersten Boot konstruktiv verändert werden. Erstmalig kamen Silber-Zink-Batteriesätze zur Anwendung, deren Zuverlässigkeit anfangs noch zu wünschen übrig ließ.

Nach den Erprobungen im Baltischen Raum folgten Tauchversuche und Flugkörper-Schießabschnitte im Nordmeerbereich. Dem Einzelschießen aus den vier Containern folgte der Salvenschuss mit mehreren Raketen, sowohl der Typen ›P-5‹ als auch ›P-6‹. Im Ergebnis des Seezielschießens ist die schwimmende Zielscheibe mehrfach ›versenkt‹ worden.

Mit der Serienfertigung der Boote sind zwei Werften beauftragt worden: zwölf Boote wurden im Schiffbaubetrieb Nr. 112 ›Krasnoye Sormovo‹ in Gorkiy (heute Nishniy Novgorod) gebaut und zwei Boote in der Werft Nr. 189 (Baltische Werft) in Leningrad (heute St. Petersburg).

Folgende Punkte können beim Projekt 651 als gut gelöst bezeichnet werden:

- die Multifunktionalität der Waffensysteme,
- die gute Manövrierfähigkeit über und unter Wasser,
- das Seeverhalten (das Oberdeck besaß eine geringe Eintauchneigung bis See 8-9) und
- die Seeausdauer.

Als Nachteil kann die geringe Zuverlässigkeit der Silber-Zink-Akkumulatorengruppen bei den Erprobungen auf dem ersten Serienboot genannt werden. Die Akkumulatoren ließen die Entnahme geringer Ströme nicht zu. Das wirkte sich negativ auf die Manövrierfähigkeit bei kleinen und kleinsten Fahrstufen aus. Desweiteren sei der Wechsel der Hauptbewaffnung von der Rakete ›P-5‹ zur ›P-6‹ und umgekehrt durch fehlende Übereinstimmung von Halterungs- und Führungselementen schwierig gewesen. Die dazu erforderliche Zeit wurde mit zwei bis drei Tagen veranschlagt.
Das Problem hat sich aber mit der Außerdienstnahme der Rakete ›P-5‹ von selbst erledigt.
Als gravierendster Nachteil stellte sich allerdings heraus, dass die U-Boote beim Start der Flugkörper auftauchen mussten. Hier ging der Hauptvorteil eines Unterseebootes – die Gedecktheit unter Wasser – verloren. Bei der relativ geringen Reichweite der Raketen und den hochentwickelten Sensoren der Flugzeugträger-Kampfgruppen als das bevorzugte Angriffsziel war die Entdeckung gleichbedeutend mit einem Gegenangriff – und mit dem wahrscheinlichen Verlust des U-Bootes.
Erst die nächste Generation sowjetischer SSGN vom Projekt 670 ›SKAT‹ (CHARLIE-I-Klasse) und 670 M ›SKAT-M‹ (CHARLIE-II-Klasse) mit unterwasserstartbaren seezieloptimierten taktischen Raketen ›P-20L Ametist‹ (SS-N-7 ›Starbright‹) und ›P-50 Malakhit‹ (SS-N-9 ›Siren‹) stellten eine ernste Gefahr für die US-Marine dar.
Sie konnten unabhängig von Fremdortern, nur gestützt auf bordeigene Sensoren, Seeziele mit nuklearen Waffen bekämpfen. Die Leistungsfähigkeit dieser U-Boot-Klasse wurde durch die US-Navy als hoch eingeschätzt. Der damalige SACLANT (Supreme Allied Commander Atlantic – Oberkommandierender der NATO-Atlantikstreitkräfte), Admiral Train, schrieb

1978: ›Besonders besorgniserregend ist die Bedrohung für die maritimen Strike Forces (Synonym für Trägerkampfgruppen) der NATO, wie sie durch die U-Boote der CHARLIE-Klassen dargestellt wird‹.

Aufbau des Bootes – Schiffskörper

Das Boot ist in der klassischen Zweihüllenbauweise mit Turm gefertigt. Die Rumpfform ist sehr völlig. Der zylindrische Druckkörper hat einen Durchmesser von 6900 mm mit sich verkleinernden Enden. Die vorderen Tiefenruder sind in Nischen des Hüllkörpers einschwenkbar. Vor den achteren Tiefenrudern, die am hintersten Ende des Bootskörpers starr angeordnet wurden, befinden sich großflächige Stabilisatoren. Im rechtwinklig abfallenden Bug sind die Sonareinrichtungen untergebracht. Vier Aussparungen in der Außenhülle dienen als Strahlabweiser für die startenden Raketen.

Aufgebrannte Durchführung durch den Druckkörper für den vorderen Besuchereingang. Zu erkennen ist die beachtliche Stärke des Stahlwandung des Druckkörpers, dessen Festigkeit durch Innen- und Außenspanten verstärkt wurde.

Der Druckkörper ist durch sieben wasserdichte und druckfeste Schotten in acht Abteilungen untergliedert:

Abteilung I:	Bugtorpedoraum und Mannschaftsunterkunft
Abteilung II:	Unterkünfte
Abteilung III:	Geräteabteilung
Abteilung IV:	Zentraleraum
Abteilung V:	Kontrollraum
Abteilung VI:	Dieselmaschinenraum
Abteilung VII:	E-Maschinenraum
Abteilung VIII:	Hecktorpedoraum (früher auch Mannschaftsunterkunft)

Die Schotten sind für einen beidseitigen Druck von 10 kg/cm^2 ausgelegt. Die Verstärkung des Druckkörpers gewährleisteten innen- und außenliegende Querspanten. Für die Teile des Körpers, die der Grenztauchtiefe ausgesetzt werden konnten, ist eine Legierung aus Schiffbaustahl ›AK-25‹ mit einer Belastungsgrenze von 60 kg/mm^2 verwendet worden, bei sonstigen besonders belasteten Teilen Stahl der Sorte ›AK-27‹ mit 52 kg/mm^2. Die ersten fünf Boote besitzen Teile aus schwachmagnetischem Stahl der Marke ›45G17YUS‹ mit einer Belastungsgrenze von 40 kg/mm^2. Das trifft insbesondere für den Hüllkörper, druckfeste Ballastwasserzellen, Stabilisatoren und einen Teil der Turmverkleidung zu. Die Verarbeitungstechnologie dieses Stahls erwies sich allerdings als sehr kompliziert und teuer.
Desweiteren traten Korrosionsprobleme auf, die dazu führten, ab 1966 aufwendige Umbau- und Änderungsarbeiten durchzuführen. Das Problem wurde aber als solches nicht gelöst. Die restlichen Boote der Serie erhielten den normalen Schiffbaustahl mit der Bezeichnung ›SKHL‹. Die Konstrukteure berücksichtigten beim Bootskörper auch Forderungen des atomaren Schutzes.

Ab der fünften Baunummer sind auf den Hüllkörpern Anti-Akustik-Schichten der Marke ›NPPRK-4D3‹ aufgetragen worden. Später wurden diese auf anderen Booten der Serie während laufender Modernisierungen und Reparaturen ergänzt. Das Gewicht dieser Schutzschicht erhöhte die Wasserverdrängung der Boote um ca. 124 t. Desweiteren ist als Schutzmaßnahme eine Anti-Radar-Beschichtung auf Oberdeck aufgetragen worden. Dieser Passivschutz konnte erst ab der sechsten Baunummer verwendet werden, da die Fertigungstechnologie noch nicht ausgereift war. Es kann davon ausgegangen werden, dass im Laufe der Dienstzeit alle Boote diese Beschichtung erhielten. Auch diese Maßnahme erhöhte die Wasserverdrängung nochmals (möglich erscheinen 50 t bis 800 t)[13] und unterstreicht die Aktivitäten der Marine, die Radar- und Sonar-Signaturen ihrer U-Boote zu verringern.

Der Treibstoffvorrat befindet sich in fünf Treibstoffbunkern innerhalb des Druckkörpers und in sechs außerhalb liegenden.

Der Geräuschpegel belief sich bei Fahrt mit Dieselmaschinen auf bis zu 112 db(A) in der Zentrale (Abteilung IV) und war geringer als bei den Projekten 611 (SS ZULU-Klasse) und 629 (SSB GOLF-Klasse), aber höher als die Forderungen der Flotte. Zu diesem geringen Pegel trug u.a. die Ringdüse um die Propeller bei. Seitens russischer Marine-Fachleute ist insbesondere auf die relativ geringe Geräuschentwicklung der Dieselmaschinen bei der Schnorchelfahrt hingewiesen worden.

13 Diese Werte beruhen auf Schätzungen des Autors. In der Quelle ›Sowjetische U-Boote – Nachkriegsbauten‹ von A. B. Schirokorad, Moskau, 1997, S. 110, Fußnote 3, wird angegeben, dass sich die Wasserverdrängung der Boote auf 3300 m^3 (in der Tat in Kubikmetern angegeben) erhöhte.

U-461 an der Pier von Steuerbordseite vorn.

Das Oberteil des ausgefahrenen Schnorchels.

Besonderes Kopfzerbrechen bereitete den Konstrukteuren die Gestaltung der Heckpartie des Hüllkörpers. Dieser sollte auch bei schneller Fahrt insgesamt strömungsgünstig sein, geringe Verwirbelungen hervorrufen (geräuscharm), aber trotzdem optimal für die Hydrodynamik der Propeller. Mehrere Entwürfe wurden vorgelegt, diskutiert, wieder verworfen. Das Hauptproblem waren dabei die starken E-Maschinen.
Bei deren Arbeit kam es zu gravierenden Sog- und damit Vibrationserscheinungen im gesamten Bereich des hinteren Druckkörpers. Diese überschritten den errechneten zulässigen Amplitudenwert für die Propellerwellen.

Nach einer Reihe von Untersuchungen sind beidseitig Stabilisatoren als Lösung des Problems angebracht worden.
Mit der dadurch möglich gewordenen Verkleinerung des Propellerdurchmessers, die auf die Bootsabmessungen abgestimmt waren, wurden die Vibrationen letztlich minimiert, die vorgesehenen taktischen Parameter aber trotzdem erreicht.

Antriebsanlage

Die Antriebsanlage besteht aus folgenden Systemen:

- Zwei Viertakt-Dieselmotoren mit 12 Zylindern vom Typ ›1D43‹ (Diesel-Hauptmaschinen) mit Turbolader aus dem Kolomensker Motorenwerk. Diese sind nicht umsteuerbar, besitzen aber ein eingebautes Getriebe. Die jeweilige Leistung beträgt 4000 PS bei 440 U/min.

- Ein Viertakt-Dieselmotor mit 6 Zylindern vom Typ ›1DL42‹ (Diesel-Hilfsmaschinen) mit Turbolader aus dem Kolomensker Motorenwerk. Die Leistung beträgt 1720 PS bei 700 U/min. Dieser Motor ist mit einem Gleichstrom-Generator vom Typ ›PG-142‹ gekoppelt.

- Zwei Elektro-Fahrmotoren vom Typ ›PG-141‹ (E-Hauptmaschinen) mit einer Leistung von je 6000 PS bei 500 U/min (mit Silber-Zink-Akkumulatoren; bei der Verwendung von Blei-Akkumulatoren verringerte sich die Leistung auf 5500 PS je Maschine).

- Zwei Elektro-Fahrmotoren vom Typ ›PG-140‹ (Schleichfahrtmaschinen) mit einer Leistung von je 200 PS bei 155 U/min (projektiert). Es sind bei einigen Booten stärkere Maschinen mit 500 PS vorgesehen worden.

- Silber-Zink-Akkumulatoren vom Typ ›30/3‹ (bei den ersten drei Booten der Serie). Diese bestehten aus insgesamt vier Akkumulatorengruppen mit je 152 Elementen. Der maximale Entladungsstrom beträgt ca. 14000 A innerhalb von 1 $^1/_2$ h. Die maximale Kapazität liegt bei 30000 Ah bei einem Entladestrom von 250 A. Die Lebensdauer der Akkumulatorengruppen lag bei 35-40 Ladezyklen oder 12-18 Monaten.

Erstmalig im Kriegsschiffsbau der UdSSR sind Silber-Zink-Akkumulatoren zum Einsatz gekommen. Im Jahre 1961 kam es zu einer drastischen Verknappung der verfügbaren Silbervorräte in der UdSSR. Importe aus China blieben wegen der sich mehr und mehr verschlechternden politischen Beziehungen aus.

Nach einem Beschluß ist der Einsatz von Silber-Zink-Akkumulatoren begrenzt worden. Das bedeutete, daß nur noch drei U-Boote des Projektes 651 mit diesen Akkumulatorengruppen gefahren wurden. Praktisch waren das die ersten drei Boote der Serie: ›K-156‹, ›K-24‹ und ›K-85‹. Nach dem Aufbrauchen der verfügbaren Silberressourcen sind diese drei Boote ebenfalls auf herkömmliche Bleiakkumulatoren des Typs ›60SM-P‹ (Erzeugnis 422) umgerüstet worden. Die anderen Boote wurden von Anfang an mit diesen bestückt.
Der maximale Entladestrom betrug 9000 A und die maximale Kapazität lag bei 15000 Ah bei einem Entladestrom von 250 A. Die Abkehr von den Silber-Zink-Akkumulatoren führte natürlich zu einer Verringerung der maximalen Unterwassergeschwindigkeit von 18 kn auf 14,5 kn und damit der Reichweite bei Vmax von 27,5 sm auf 14,5 sm.
Die ökonomische Fahrtstrecke bei 2,8 kn verringerte sich dadurch ebenfalls von 810 sm auf 350 sm.
Zur Steuerung der E-Maschinen sind Schaltschütze vorhanden, die über einen Wasserkreislauf gekühlt werden. Diese Technik ist zusam-

Dieselmaschinenraum – Fahrstand für die Hilfs-Dieselmaschine.

E-Maschinenraum – 2. Decksebene. Der Backbord E-Hauptfahrmotor.

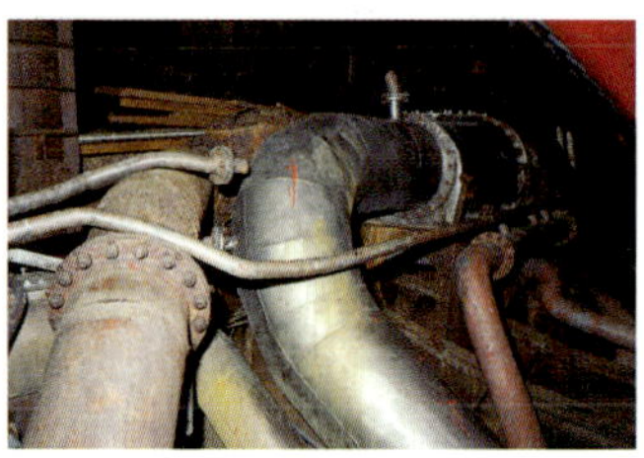

Unter dem achteren Raketencontainer – Rohrsysteme, die die Frischluftzufuhr bzw. Abgasabführung im Normal- und im Schnorchelbetrieb gewährleisteten.

Im Turm – Die Druckkörper-Durchführungen des Schnorchels.

men mit den Silber-Zink-Akkumulatoren in der sowjetischen Seekriegsflotte erstmalig eingesetzt worden.
Die Abgasaustritte an Oberdeck unter dem achtern Doppelstarter bestehen aus Titan. Sie werden an Oberdeck unter den Containern zur Außenhaut geführt. Zur Absicherung der Schnorchelfahrt – Regime ›RDP‹ – existiert ein ausfahrbarer Luftansaugmast – der eigentliche Schnorchel. Die Abgase wurden an der hinteren Seite des Turmes ausgeblasen.

An Bord kam das Fernsteuerungs- und Automatisierungssystem ›DAU‹ zur Anwendung, das die Steuerung beim Fahren der Dieselmaschinen während der Schnorchelfahrt, die ständige Überwachung der Maschinenanlage und Teile der Bootssysteme gewährleistete.
Interessant ist die Tatsache, dass die Hauptversorgungssysteme im Boot nicht zweifach vorhanden sind.
Hydrauliksystem und Hauptstromversorgungssystem sind jeweils nur einmal vorhanden.
Bei den vergleichbaren Atom-U-Booten waren und sind diese – wie im Kriegsschiffsbau üblich – gedoppelt. Das unterstreicht die Annahme, dass für die U-Boote der JULIETT-Klasse möglicherweise nur eine Feindfahrt geplant war...

Der achtere Doppel-Startcontainer für die Flugkörper ›P-6‹ in Startposition auf 15° aufgerichtet.

Hintere Verschlussklappe des vorderen Steuerbord-Raketencontainers.

Bewaffnung – Raketenstarter und Raketen

An Bord befinden sich zwei hochklappbare Doppelstarter für Schiff-Schiff-Raketen, anfangs vom Typ ›P-5/P-6‹ (SS-N-3c/SS-N-3a ›Shaddock Non Homing‹/›Shaddock Anti Ship‹). Der generelle Wechsel von der ›P-5‹ zur ›P-6‹ ist auf allen Booten bis 1966 vollzogen worden. Die JULIETTs sollten nun vorrangig zur Bekämpfung von Seezielen herangezogen werden. Später sind einige Boote mit dem Flugkörper ›P-35‹ (SS-N-3b ›Shaddock Sepal‹) und ein Boot (vermutlich ›B-85‹) mit der ›P-500 Basal't‹ (SS-N-12 ›Sandbox‹) ausgerüstet worden, die jeweils mit atomaren Sprengköpfen bestückt werden konnten.
Gefeuert wurde im aufgetauchtem Zustand mit einer maximalen Geschwindigkeit um 8 kn bei See 4 und einem Startwinkel von ca. 15°. Eine weitere Ausrüstung mit der noch moderneren Rakete ›P-700 Granit‹ (SS-N-19 ›Shipwreck‹) konnte nicht erwiesen werden.

Die Startcontainer werden durch je einen Hydraulikzylinder aufgerichtet. Einer befindet sich in Abteilung II und ragt in den Gang bei den Offizierskammern, der zweite befindet sich in Abteilung VI im Maschinenraum mitten in den Rohrsystemen der Luftversorgung für die Dieselmaschinen.

Um den Aufrichtvorgang beschleunigen zu können und für andere Zwecke ständig Hydrauliköl in ausreichender Menge und Druck zur Verfügung zu haben, befinden sich in Abteilung IV in der untersten Decksebene zwei

Der ausgefahrene Hydraulikzylinder des achteren Raketencontainers. Blick von vorne. Daneben verlaufen Rohre des Abgas- und Frischluftsystems der Dieselmaschinen.

Projekt 651
Bewaffnung – Raketenstarter und Raketen

Hydraulik-Vorratsbehälter, die mit einem Luftpolster unter hohem Druck eine Art Hydraulik-Booster darstellten. Diese bewirkten, dass bei Bedarf sofort eine ausreichende Menge Hydrauliköl zur Verfügung stand, in diesem Fall für die Aufrichtung der Container. Die Aufrichtzeiten von ca. 110 s pro Containerpaar – gefüllt mit startklaren Raketen – ist somit zu erklären.

Das Antennengitter und die Hornstrahler der Raketen-Feuerleitanlage ›Argument‹ (NATO: MC ›Front Door/Front Piece‹). Antenne befindet sich in Gefechtsposition.

Die Feuerleitung der Raketen übernahm der Radarkomplex (Funkmesskomplex) ›Argument‹ (NATO: MC ›Front Door/Front Piece‹). Die Station ist im Bereich der zweiten Decksebene in der Abteilung III untergebracht.

Hier saßen an vier Einzelkonsolen und zwei Zentralsteuergeräten die Bedienmannschaften für die Leitung der Raketen, den Empfang von Zieldaten der Rakete oder dem Fühlungshalter und die Auswahl/Auswertung der Daten.
Die Hochfrequenz-Sende- und Empfangsanlagen des Komplexes sind hier ebenfalls untergebracht.

Interessant ist, dass der Kommandeur des Gefechtsabschnittes in einer gesonderten Kammer untergebracht war – direkt neben seinen Geräten. In dieser Kammer stehen auch die Sendegeräte für den Radio-Kontakt zum Fühlungshalter. Die Antennenanlagen des Systems sind im vorderen Teils des Turmes untergebracht.

Die gesamte Antennenkonstruktion ließ sich um 180° drehen und so in Gefechtsposition fahren. Das Gewicht des Antennenkomplexes mit Drehfuß beträgt 10478 kg. Die ›Nickbewegung‹ der Antenne bewirkte eine Hydraulikkonstruktion im Antennenfuß.
Diese zog über einen im untersten Teil befindlichen Zylinder durch die Antennenachse die gedrehte Antenne in die entsprechende waagerechte Position. Über eine Kreiselbasis ist der Seegangsausgleich hergestellt worden.

Dieselmaschinenraum – Manometeranzeigen im Maschinenraum für Raketencontainer-Betätigung.

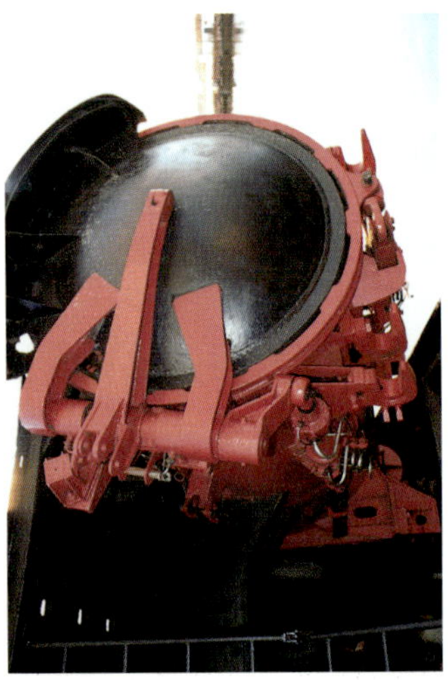

Achterer Raketencontainer – Backbordrohr, vordere Verschlußklappe.

Geräteabteilung – 2. Decksebene. Quergang mit den Bedienerplätzen für die Steuer- und Sichtgeräte der vier Raketen; Raketen-Feuerleitanlage ›Argument‹.

Projekt 651
Bewaffnung – Torpedorohre und Torpedos

Bewaffnung – Torpedorohre und Torpedos

Die Boote der JULIETT-Klasse besitzen sechs Bugtorpedorohre vom Kaliber 533 mm und vier Hecktorpedorohre vom Kaliber 400 mm mit acht Reservetorpedos. Die Bugrohre sind parallel zur Mittschiffslinie angeordnet, während die Heckrohre jeweils um 3° nach Backbord und Steuerbord versetzt sind. Die 533 mm-Bugtorpedorohre sind für den Einsatz von Torpedos vom Typ ›53-56‹, ›53-57‹, ›53-61‹ und ›SET-533/M‹ (›SET-samonavodyashchiesya elektritsheskaya torpeda‹ – selbstlenkender elektrischer Torpedo) geeignet. Der moderne ›SET-533‹ besaß ein Gefechtsgewicht von ca. 2200 kg.

Die 400 mm-Hecktorpedorohre gewährleisteten den Einsatz von elektrischen Torpedos ›MGT-1‹ und später auch den ›SET-40‹ bis 200 m Tiefe. Die spätere Weiterentwicklung des ›MGT-1‹ zum ›MGT-2‹ wurde zugunsten anderer, wirkungsvollerer Torpedos aufgegeben.
Beginnend mit der Baunummer 552 (›K-156‹) sind verbesserte Nachladeeinrichtungen für die Hecktorpedorohre eingebaut worden.
Die Nachladezeit aller vier Rohre verkürzte sich danach auf 30 Minuten. Eine Ausrüstung der JULIETTs im Laufe ihrer Dienstzeit mit anderen Torpedotypen ist wahrscheinlich.

Während des Serienbaues sind auf einem Teil der Boote in der Abteilung II Gestelle zur Lagerung von zwölf Reservetorpedos vom Kaliber 533 mm vorgesehen worden. Die Gesamtzahl der verfügbaren Torpedos erhöhte sich mit diesen Maßnahmen gravierend. Im Spannungs- oder Kriegsfall ist somit eine erhebliche Verstärkung der Bewaffnung möglich gewesen, auch wenn dies eine erhebliche Belastung für die Unterbringung der Besatzung darstellte.

Die Beladung der Boote mit Torpedos erfolgte entweder über die Torpedorohre oder (bei einigen Booten) über Ladeluken zwischen Abteilung I und II. Bei der Beladung über die Torpedorohre ist das gesamte Boot um einige Grad nach achtern gekrängt worden, so daß die Bugtorpedorohre über die Wasserlinie ragten. Mit einem Ladegestell konnten die Torpedos in das Bootsinnere transportiert worden.
Die notwendige Krängung herzustellen, erwies sich für den LI (Leitenden Ingenieur) bei der Größe des Bootes als schwierige Aufgabe. Die Reservetorpedos konnten nur in die oberen vier der sechs vorhandenen Rohre geladen werden. U-461 (›B-124‹) gehört zu den Booten, die nicht für die o.g. Umrüstung vorgesehen waren.

Die Torpedofeuerleiteinrichtungen sind in der Zentrale an Backbordseite im Befehlsstand-III (dort ist der Arbeitsplatz vom Kommandeur des Torpedoabschnittes) untergebracht.
Hier liefen die Daten der Hydroakustiker, der Radarleute und der Sehrohrangaben zusammen und sind daraufhin in Schusswerte für die Bug- und Hecktorpedos umgerechnet worden.
Mehrere Mann Personal und der Torpedo-Offizier waren für die Bedienung der einzelnen Geräte erforderlich. Die unmittelbare Nähe zum befehlsgebenden Kommandanten verdeutlichten die althergebrachte Wichtigkeit des Torpedoabschnittes bei diesem Projekt.
Der Abschuss der Torpedos erfolgte aber weiterhin direkt am Torpedorohr.
Der Kontrollraum für die Hauptbewaffnung befand sich dagegen ein Deck tiefer und eine Abteilung weiter vorn.

Tabelle der taktisch-technischen Daten der Torpedos:

Torpedotyp	Im Bestand seit	Länge	Kaliber	Geschwindigkeit/Reichweite	Einsatztiefe	Antrieb	Sprengkopf
›53-56‹	1956	7,70 m	533 mm	50 kn / 13 km	2 – 14 m	Kolben	400 kg
›53-57‹	1957	7,60 m	533 mm	45 kn / 18 km	2 – 14 m	Turbine	305 kg
›53-61‹	1961	–	533 mm	55 kn / 15 km	2 – 14 m	Turbine	305 kg
›SET-533 /M‹	1964	7,80 m	533 mm	23 kn / 8 km	20 – 200 m	Elektro	100 kg
›MGT-1‹	1961	4,50 m	400 mm	28 kn / 6 km	2 – 10 m	Elektro	80 kg
›SET-40‹	1962	4,50 m	400 mm	29 kn / 8 km	20 – 200 m	Elektro	80 kg

Bugtorpedoraum – Torpedorohr Nr. 5.
Aus den Bugtorpedorohren wurden Torpedos vom Kaliber 533 mm geschossen.

Ausrüstung

Die Antennen der hydroakustischen Ortungsanlagen befinden sich im Bugteil des Bootes. Vorhanden sind aktive und passive Anlagen, ein Unterwassertelefon sowie ein Schallgeschwindigkeitsmessgerät.

Die Sicht- und Bediengeräte stehen im Hydroschapp in der Zentrale. Die Anordnung der Antennenanlagen im Bug von oben nach unten:

- Schallgeschwindigkeitsmessgerät ›Beresta‹ in einem Schutzkäfig vor dem Turm an Oberdeck.

Turmfahrstand – Maschinentelegrafen und Signalgeräte für den Kommandanten beim Tauch- und Auftauchmanöver.

- Unterwassertelefon ›MG-25‹ in einem Hüllkörper im vordersten Teil des Oberdecks.
- Passive hydroakustische Geräuschpeilanlage ›MG-10‹ im oberen Bugteil. Erstmalig bei einer sowjetischen Anlage ist die Phasenpeilung und die Peilung nach maximaler Amplitude möglich. Ein Korrelationsempfänger verbesserte den Signal-Rauschabstand spürbar.
- Passive Ortungs- und Aufklärungsanlage ›MG-13 Plutoniy‹ unter den Torpedorohröffnungen. Die Anlage ist für die Ortung von niedrigen Frequenzen, die Phasenpeilung und die Peilung nach maximaler Amplitude ausgelegt. Reichweite 2-4 km. 1958 in die Flotte eingeführt.
- Aktive hydroakustische Anlage ›MG-200 Arktika-M‹ im untersten Bugteil. Die Anlage besitzt erstmalig eine drehbare Antenne. Sie konnte in den Regimen Geräuschpeilung (passiv) und Distanzmessung (aktiv) die Antennenrichtcharakteristik in der Vertikalen bewegen. Eine automatische Zielbegleitung in der horizontalen und der vertikalen Ebene war möglich. Reichweite 1-18 km. In die Flotte eingeführt 1960.

Als Rundumsicht- und Navigationsradargerät stand die Anlage ›RLK-101‹ zur Verfügung. Die Antenne befindet sich eingefahren im Turm. Mit dieser markanten Anlage konnten sowohl See- als auch Luftziele geortet und begleitet werden. Desweiteren ist die Anlage als Navigationshilfe verwendet worden. Bei den meisten der sowjetischen U-Bootkonstruktionen jener Zeit (sowohl nuklear- als auch dieselgetrieben) sind diese Stationen zur Anwendung gekommen.

Im Navigationsbereich sind die üblichen Geräte für die Schiffsführung und Positionsbestimmung eines Schiffes in See vorhanden. Neben Kreiselkompass, Echolot, Fahrtmessanlage, automatischem Koppeltisch, Funkpeiler und Astronavigationsgerät kam zusätzlich das Gerät ›Lira-P‹ zur visuellen Datenerfassung und astronomischen Ortsbestimmung zur Anwendung.
Fast alle Geräte sind im Navigationsschapp untergebracht.

Turmfahrstand – Sicht- und Ausfahrgerät für das elektro-optische Astronavigationssystem ›Lira-P‹.

Navigationsschapp – einzelne Navigationsgeräte (Funkpeiler, Sichtgerät für Hyperbelnavigation, Echolotschreiber).

Die Antenne der Radaraufklärungsanlage ›Nakat‹ (NATO: ›Stop Light‹).

Das Hauptbedienteil des Gerätes ›Lira-P‹ befindet sich im Turm. Das gesamte Ausfahrgerät ist aus Sicherheitsgründen in einem druckfesten Schacht untergebracht, der bis in den Kreiselkompassraum in der zweiten Decksebene reicht.

An Bord sind zwei optische Sehrohre vorhanden. In der Zentrale – in der Nähe des Radarschapps – das ›PSNA-10‹ und im hinteren Teil des Turms das ›PSNG-8M‹. Die Schächte zum Einfahren beider Periskope reichen tief in die unteren Decksebenen hinab. Die Sehrohrtiefe lag bei ca. 8 m und entsprach damit der Schnorcheltiefe.

Für den Selbstschutz besaßen die Boote ein Täuschkörperausstoßrohr in Abteilung VIII an Backbordseite. Mit diesem Rohr[14] konnten Hydroakustik-Täuschkörper vom Typ ›Anabar‹ bis zu einer Tiefe von 250 m ausgestoßen werden. Nach dem Ausstoß wurden Gasbläschen entwickelt, die für die gegnerischen Sonaran-

Der Sensor des Schallgeschwindigkeitsmessgerätes ›Beresta‹. Die Messstrecke (zwei Hörner mit Schallgeber und Empfänger) unter einem Schutzgitter.

14 Auf deutschen WK-II U-Booten hieß das System Ausstoßrohr / hydroakustischer Täuschkörper ›BOLD‹.

Navigationsschapp – automatischer Koppeltisch, Fahrtmessanlage und andere Navigationsgeräte.

lagen oder auf Zielkurs liegende Torpedos ein U-Boot vortäuschen sollten. Diese Technik ist von deutschen U-Booten im II. Weltkrieg angewendet worden und bis heute ein wirksames Mittel geblieben.

Umfangreiche Kurzwellen- und Ultrakurzwellen-Anlagen stellten die Funkverbindung her. Im Funkraum (Abteilung IV, zweite Deckebene, Backbordseite) sind die Geräte zusammen mit Spezial- und Chiffriergeräten untergebracht worden. Antennen sind u.a. im hinteren Turmteil aufklappbar angebracht.

Eine spezielle Einrichtung, genannt ›DUK‹, konnte Abfälle bis zu einer Tiefe von 200 m außenbords drücken. Der dazugehörige Fäkalientank befindet sich in Abteilung IV in der dritten (untersten) Decksebene an Backbordseite.

Ein besonderes Problem bei U-Booten stellt die Luftversorgung dar. In den Unterkünften und auf den Gefechtsstationen existierte ein geschlossenes System der Luftversorgung und der Luftregeneration. Je nach Lage konnte die Luft vorgewärmt oder gekühlt werden. Bei einer Besatzungsstärke zwischen 78 und 82 Mann spielte die Luftentfeuchtung eine große Rolle. Bei kühlen Temperaturen würde ansonsten Wasser an der Druckkörperinnenseite als Kondensat niederschlagen – trotz Isolationsbeschichtung – und Geräte beschädigen. Um diesem vorzubeugen, ist die Luft im Kreislaufsystem entfeuchtet worden. Der Luftdurchsatz konnte bis zu 9500 m^3/h betragen.

Nach hinten klappbare Funkantenne ›Topol'‹ (NATO: ›SHUT GUN‹).

Projekt 651 Ausrüstung der Boote

Die bordeigenen Rettungseinrichtungen der JULIETT-Klasse sollten eine sichere Bergung der Besatzung nach einem Untergang gewährleisten. An Bord befinden sich zwei Rettungsbojen und zwei Notausstiege.
Die Rettungsbojen sind mit einem Stahlseil mit den Notausstiegen verbunden. Lag das Boot auf dem Meeresgrund in einer Notsituation, konnte die Boje aufschwimmen. Rettungs-U-Booten oder Rettungskapseln wurde der Weg mit dem Stahlseil gewiesen. Unten angekommen, setzten die Rettungsmittel auf den Andockschürzen der Notausstiegsluken auf.
Nach Herstellung der Hermetisierung konnte die Mannschaft das havarierte U-Boot verlassen. An den nach oben befindlichen Ausstiegen (Notausstiege vorn und achtern und der Aufgang zum Turmfahrstand) befinden sich Gummi- bzw. Segeltuchschürzen, die bei Bedarf heruntergelassen werden konnten. Dadurch entstanden sog. ›Luftfallen‹ im oberen Teil des Druckkörpers. Die Luken konnten im Havariefall nur unter Druckausgleich geöffnet werden. Das bedeutet, dass Wasser in die Abteilung bis zur Herstellung dieses Zustandes eingelassen werden musste. Dank der ›Schürzen‹ hielt sich oben ein Luftpolster, in der sich die Besatzungsmitglieder bis zum Ausstieg aufhalten und atmen konnten.

Der weiß gepönte Stutzen der Hebeeinrichtung des Bootes.

Als Rettungsmittel kamen in den frühen sechziger Jahren Taucherglocken von Bergungsschiffen in Betracht. Später sind komplexe Rettungssysteme bis hin zu speziellen Rettungs-U-Booten mit auf dem Oberdeck mitgeführten Kleinst-Tauchbooten entwickelt und eingesetzt worden. Eine nicht unerhebliche Bedeutung für den maritim-militärischen Rettungsdienst spielten die in der UdSSR zu jener Zeit in überraschend hoher Anzahl gebauten Kleinst-Tauchboote, die im Bereich bis 2000 m den überwiegenden Teil des Einsatzgebietes der U-Boot-Flotte abdeckten.
Ungewöhnlich sind ebenfalls mehrere an Oberdeck befindliche Hebeeinrichtungen aus massivem Stahl. Diese sind fest mit Ösen am Druckkörper befestigt und über eine Stahlstange an das Oberdeck geführt, um dort an einem beweglichen kegelförmigen Einraststutzen zu enden.

Turmfahrstand – Periskop ›PSNG-8M‹, Navigationssehrohr.

Die hintere Hebeeinrichtung ist direkt neben dem achteren Notausstieg zu sehen. Diese Konstruktion diente zum Anheben des Bootes, sei es vom Meeresgrund nach einer Havarie oder zum Hieven auf einen Ponton.

Die seemännische Ausrüstung ist auf den ersten Blick kaum zu erkennen. Im großen Bereich zwischen Druckkörper und Hüllkörper sind u.a. untergebracht worden: Ankerspill vorne und ein Spill achtern; Trossenrollen, die an den Unterzügen des Hüllkörpers befestigt sind, Klampen an Deck und letztlich die Lagerung der Schleppleine im Turm und am Bootskörper an Steuerbordseite. Diese befindet sich aufgeschossen in einem kreisförmigen Lager im Turm und verlängert sich offen über die halbe Bootslänge in einer speziellen Schutzhalterung. Somit konnte das seemännische Personal die Leine im Havariefall sofort handhaben.

Die vordere Rettungsboje.

Hecktorpedoraum – Ausstoßrohr für hydroakustische Täuschkörper ›Anabar‹.

Die Daten der einzelnen Boote bei Ablieferung der Werften:

Nr.	Werft	Werft-Nr.	Takt.-Nr.		Baubeginn	Stapellauf	Abnahme
1	KS*	511	›K-24‹	(B-124)	15.10.1961	15.12.1962	31.10.1965
2	KS	521	›K-58‹	(B-58)	15.07.1963	12.02.1965	23.09.1966
3	KS	513	›K-63‹	(B-63)	25.04.1962	26.07.1963	12.06.1966
4	KS	524	›K-67‹	(B-67)	31.01.1965	29.10.1966	30.09.1967
5	KS	512	›K-68‹	(B-68)	25.01.1962	30.04.1963	28.12.1965
6	KS	514	›K-70‹	(B-70)	25.08.1962	06.02.1964	31.12.1964
7	KS	523	›K-73‹	(B-73)	01.08.1964	31.05.1966	15.12.1966
8	KS	515	›K-77‹	(B-77)	31.01.1963	11.03.1965	31.10.1965
9	KS	525	›K-78‹	(B-78/B-478)	25.07.1963	07.08.1964	01.11.1965
10	KS	522	›K-81‹***	(B-81)	20.11.1963	07.08.1964	14.12.1965
11	Balt.**	553	›K-85‹	(B-85)	25.10.1961	31.01.1964	30.12.1964
12	KS	534	›K-120‹	(B-120)	25.03.1967	11.07.1968	26.12.1968
13	Balt.	552	›K-156‹	(B-156)	16.11.1960	31.07.1962	10.12.1963
14	KS	531	›K-203‹	(B-203)	25.12.1965	30.06.1967	02.12.1967
15	KS	532	›K-304‹	(B-304)	06.08.1966	24.11.1967	21.08.1968
16	KS	533	›K-318‹	(B-318)	29.03.1966	29.03.1968	29.09.1968

* KS: Schiffbaubetrieb Nr. 112 КРАСНОЕ СОРМОВО ›Krasnoye Sormovo‹, Gorkiy

** Balt.: Schiffbaubetrieb Nr. 189 БАЛТИЙСКАЯ ВЕРФЬ ›Baltiyskaya Verf'‹, Leningrad

*** Projekt 651K mit kosmischem Zielzuweisungs-Empfangssystem zur Flugkörperlenkung: КАСАТКА-Б ›Kasatka-B‹.

Ein JULIETT in See.

Die taktischen Kennungen sowjetischer U-Boote:

М ›M‹ – МАЛЫЙ	malyy	kleines Boot
С ›S‹ – СРЕДНИЙ	srednyy	mittleres Boot
Б ›B‹ – ВОЛЬШОЙ	bol'shoy	großes Boot
К ›K‹ – КРЕЙСЕР	kreiser	Kreuzer (also U-Kreuzer)

Basierung und Verteilung

Im Vordergrund zwei JULIETTs, Bordnummer 470 und 472. Dahinter liegt ›B-130‹ (FOXTROT-Klasse) in Liepája, 06.04.1995.
Foto: Ehlers

Geplant waren 72, zum Bau vorgesehen 35 Boote, gegliedert in fünf Abteilungen zu je sieben Einheiten – zwei Abteilungen für die Nordflotte, eine für die Schwarzmeerflotte, eine für die Baltische Flotte und eine für die Pazifikflotte. Diese Anzahl wurde gekürzt auf drei Abteilungen zu je sechs Booten.
Eine für die Nordflotte, die zweite aufgeteilt auf die Baltische und die Schwarzmeerflotte und die dritte für die Pazifikflotte. Tatsächlich sind aber nur 16 Einheiten in Dienst gekommen, die restlichen sind im Zuges des sich abzeichnenden forcierten Baus von nukleargetriebenen U-Booten gestrichen worden.
Gefertigt wurden 14 Boote im Schiffbaubetrieb Nr. 112 ›Krasnoye Sormovo‹, Gorkiy (heute Nishniy Novgorod) und 2 Boote in der Werft Nr. 189 ›Baltiyskaya Verf'‹ in Leningrad (heute St. Petersburg).

Basierung und Verteilung

Ein SSG der JULIETT-Klasse in See (Nordflotte).

15 Quelle: Zeitschrift Taifun 01/1999.

Auf der Grundlage eines Befehls des Hauptstabes der Seekriegsflotte und einer Weisung des Stabes der Rotbanner Nordflotte vom 17.03.1964 begann sich der Stab für die Boote des Projektes 651 zu formieren.
Der Stab der späteren 35. U-Bootsdivision war ab August 1964 einsatzbreit und es begann nach Abschluss der Erprobungen der Zulauf der einzelnen Boote in die Nordflotte.
Die Reihenfolge gestaltete sich nach Erinnerungen von Veteranen[15] wie folgt: ›K-156‹, ›K-85‹, ›K-77‹, ›K-24‹, ›K-81‹, ›K-58‹, ›K-68‹, ›K-67‹, ›K-76‹, ›K-203‹, ›K-304‹ und ›K-318‹.

In den Bestand der Abteilung kamen noch die schwimmende Basis ›DVINA‹ und die schwimmende Werkstatt ›PM-93‹. Die Abteilung existierte 26 Jahre. Es sind viele Langzeitfahrten weit der Heimatbasen unternommen worden.

Aufstellung der bekannten Bordnummern (Pennant Numbers):

148	=	unbkt.	unbekannt	
203	=	unbkt.	Nordflotte	11/1989 von der Nordflotte zur Baltischen Flotte
317	=	unbkt.	unbekannt	
425	=	›B-304‹	Nordflotte	
441	=	›B-156‹	Nordflotte	
461	=	›B-124‹	Baltische Flotte	
463	=	›B-318‹	Schwarzmeerflotte	
470	=	unbkt.	Baltische Flotte	
472	=	›B-85‹	Nordflotte (später Baltische Flotte?)	
478	=	›B-78‹	Nordflotte, 11/1989 von der Nordflotte zur Baltischen Flotte	
484	=	›B-77/81?‹	Baltische Flotte	
732	=	unbkt.	Nordflotte	
762	=	unbkt.	Nordflotte	
810	=	unbkt.	unbekannt	
819	=	unbkt.	Schwarzmeerflotte	

Verteilung der Boote Ende der achziger Jahre vor der Außerdienststellung:

Nordflotte (NF)	6(-2)	›B-156‹, ›B-85‹, ›B-68‹, ›B-78‹, ›B-304‹, ›B-203‹ (an die BF: ›B-203‹, ›B-78‹)
Baltische Flotte (BF)	3(+2)	›B-124‹, ›B-77‹, ›B-81‹ (von der Nordflotte: ›B-203‹, ›B-78‹ + ein weiteres?)
Pazifikflotte (PF)	4	›B-63‹, ›B-73‹, ›B-120‹, ›B-70‹
Schwarzmeerflotte (SF)	3	›B-58‹, ›B-67‹, ›B-318‹

Die projektierte Autonomie von 90 Seetagen ist in einigen Fällen weit überschritten worden. ›K-81‹ brachte es dabei 1979 auf eine Einsatzdauer von 234 Tagen. Viele Offiziere und Mannschaftsdienstgrade erhielten militärische Auszeichnungen.

Aus der U-Bootsabteilung gingen im Laufe der Zeit Führungskräfte der gesamten Flotte hervor, so der spätere Kommandierende der Pazifikflotte E. N. Spiridonov.

Der erste Kommandeur der Division war Konteradmiral Sergey Grigor'evich Egorov, der letzte Kapitän zur See Boris Konstantinovich Zvetov.
›K-24‹ (später ›B-124‹) hatte während seiner Dienstzeit sieben Kommandanten:
Vasiliy Markovich Kolesnikov,
Yuriy Alekseevich Mikhalev,
Yuriy Romanovich Levchenko,
Vladimir Artemevich Chulkov,
Viktor Gegorgievich Skorikov,
Aleksey Mikhaylovich Malashevich,
Viktor Sergeevich Pavlov.

Die restlichen Boote sind in die Pazifikflotte und in die Schwarzmeerflotte verlegt worden. Dort dienten sie bis ca. 1991. Zwischen 1980 und 1983 erfolgte die erste Dislozierung von drei Booten in der Ostsee – im Marinestützpunkt Liepaja in der 58. U-Boot-Brigade. 1989 kamen noch zwei Boote aus der Nordflotte hinzu, später noch ein weiteres.

Die JULIETT-Boote sind während ihrer Dienstzeit mehrfach umklassifiziert worden. Die Kennung während der Indienststellungsphase war ›K‹ diese ist aber später den Atom-U-Booten zugewiesen worden. Daher sind die JULIETTs zu ›B‹ gewechselt (die teilweise vorhandene Auffassung, dass zwischenzeitlich einige Boote zu ›S‹ umklassifiziert wurden, kann aus heutiger Sicht nicht bestätigt werden).
Im letzten Kennungssystem als aktive Einheiten werden alle als ›B‹ ausgewiesen. Mit diesem Buchstaben sind sie auch außer Dienst gegangen.

Verbleib der Boote

Angaben über den Verbleib der einzelnen Boote können nur unter Vorbehalt gegeben werden, zu unterschiedlich sind die Angaben der verschiedenen Quellen. Die Boote sind teilweise in der Endphase umklassifiziert, umnummeriert und anderen Flotten zugeführt worden.

U-Bootbasis Balaklava, Schwarzmeerflotte. Ein Boot vom Projekt 651 bei Außerdienststellung 1992.

Unbekanntes JULIETT (mit Wulst) neben Booten der GOLF-II-Klasse in ›Liepája‹, 26.09.1996. Foto: Ehlers

›B-77‹, ehem. ›K-77‹ in St. Petersburg bei Miami (USA).

Folgendes Bild stellt sich dar: 1981/82 wurden die Boote vorläufig außer Dienst gestellt, um wenige Jahre später (um 1985) wieder aktiviert zu werden. In den einzelnen Flotten waren möglicherweise nicht alle Einheiten zeitgleich im aktiven Dienst.

Verbleib der Boote

In der Baltischen Flotte kamen beispielsweise: von den sechs (z.T.) zeitgleich vorhandenen Booten nur vier zum Einsatz, zwei befanden sich im Reservestatus. Nach einer gewissen Zeit wechselte man die Boote aus. Ab 1988 befand sich ein Teil der Boote generell im Reservestatus.

Im Vordergrund Bordnummer 470, dahinter die ›B-77‹ in ›Liepája‹, 06.04.1995. Foto: Ehlers

Die ersten Außerdienststellungen sind ebenfalls um 1988 datiert. Kurz darauf kam nach und nach die Außerdienststellung aller Einheiten. 1991 waren noch ca. 13 Einheiten im Bestand aller Flotten vorhanden, bis 1994 wurden die Boote gestrichen und teilweise abgebrochen.

Kurz vor der Streichung gab es noch Änderungen in der Basierung. Im November 1989 verlegten die beiden Nordflotten-Boote ›B-78‹ und ›B-203‹ zur Baltischen Flotte.
Dort sind sie – zusammen mit den Baltischen JULIETTs – außer Dienst gegangen.
Ein weiteres Nordflotten-Boot folgte etwas später. Um welche Einheit es sich dabei konkret handelte, kann bis heute nicht sicher gesagt werden (möglicherweise ›B-85‹).

Im Dezember 1991 waren in der Ostsee insgesamt sechs Boote vorhanden. Sie befanden sich aber selten gleichzeitig in ihrem Stützpunkt ›Liepája‹. Im Januar 1993 waren fünf JULIETTs in Dienst, Anfang 1994 noch vier mit folgenden Bordnummern 461, 470, 472 und 484.

›B-77‹ ist als U-484 nach Helsinki verkauft worden und ging danach in die USA.

Die Abwrackliste von ›Liepája‹ weist später vier JULIETT-Bezeichnungen auf: ›B-81‹, ›B-124‹, ›B-203‹, ›B-78‹ (hier auch als ›B-478‹ geführt).

›B-124‹ ist im Juni 1994 nach Kopenhagen geschleppt worden, es blieben drei Einheiten übrig. ›B-81‹und ›B-78‹ wurden danach als halbgesunken geführt, ›B-203‹ als schwimmend neben den Booten der GOLF-Klasse(n) mit einer unidentifizierten Einheit, die früher außer Dienst ging (6. Boot).

Im September 1996 existierten noch zwei JULIETTs in ›Liepája‹: ›B-81‹ halbgesunken und die gesunkene Bordnummer 470. Beide sind nach April 1997 gehoben und neben die GOLF-Boote am Klein-U-Bootsbunker verholt worden. Dort lagen sie im Herbst 1998 zum Abwracken.

Weitere gesicherte Daten stehen z.Zt. nicht zur Verfügung. Die Außerdienststellung von weiteren Booten vor 1990 ist wahrscheinlich.

Außerdienststellungen in der Baltischen Flotte:

Am 24. Juli 1991 (unsicher, nach anderen Quellen 1993):
›B-77‹, ›B-81‹, ›B-124‹, ›B-203‹, ›B-78‹, ›B-?‹

›B-77‹ nahm als vermutlich letzte aktive Einheit der Klasse an der Parade zum Tag der Flotte 1993 in Baltiysk teil. Das Boot (Werft-Nr. 515, Bordnummer 484) ist – nach deutschen Quellen – um 1994 unter der Bezeichnung ›U-484‹ nach Finnland verkauft worden. Es verholte danach in die USA und liegt nun in Bayboro Harbour St. Petersburg (Florida) als ›maritimes Erlebnisboot‹.

›B-124‹ (Werft-Nr. 511, Bordnummer 461) ging im Juni 1994 als ›U-461‹ als U-Boot-Museum nach Kopenhagen, danach im Dezember 1998 nach Deutschland (Peenemünde).

Die Boote ›B-78‹, ›B-203‹ und ›B-81‹ und ein weiteres unidentifiziertes Boot lagen danach in Liepaja in verwahrlostem Zustand. 1998 sind zwei der Boote, ggf. ›B-81‹ und die unidentifizierte Einheit, bei den Liegeplätzen der SSG GOLF-Klasse(n) während Abbrucharbeiten beobachtet worden.

›B-81‹ (U-478) in ›Liepája‹.
Foto: Ehlers

Außerdienststellungen in der Nordflotte:

Am 03. Juli 1992: ›B-68‹, ›B-85‹(Baltische Flotte), ›B-156‹, ›B-304‹

Im April 1992 befand sich noch ein Boot im Status eines Versuchsträgers im Gebiet der ›Ura-Guba‹ (die Ura-Bucht) auf der Kola-Halbinsel. Es ist bis 08/1992 im Nordflottenbereich abgewrackt worden.

Außerdienststellungen in der Schwarzmeerflotte:

›B-67‹ und ›B-318‹ um 1990 noch in gutem Zustand gesichtet. ›B-67‹ sollte an die Ukraine übergeben werden, es ist aber nicht dazu gekommen. Dezember 1991 beide Einheiten noch aktiv. Ab 1992 wurden sie aufgelegt, bis 1995 im Stützpunkt ›Balaklava‹ abgerüstet und danach in ›Inkerman‹ abgebrochen.

1988 (?): ›B-58‹

Am 30. Juni 1993: ›B-67‹

Am 03. Juli 1992: ›B-318‹

Außerdienststellungen in der Pazifikflotte:

Drei Boote sollen 1991 noch in Nachodka und in ›Port Vladimir‹ gesichtet worden sein. Außerdienststellung Anfang 1992. Das vierte Boot ist vor ›Strelok‹ gesunken.

SSB der GOLF-Klasse in ›Liepája‹.
Foto: Burmeister

Die Kombüse des Bootes mit den Herdplatten.

Die Lebensverhältnisse an Bord

Bugtorpedoraum – Blick auf die heruntergeklappten Kojen. Im Hintergrund die drei Backbord-533 mm-Bugtorpedorohre.

Die Unterbringung der Offiziere und Mannschaften war spartanisch. Alle Offiziere, mit Ausnahme des Kommandanten des U-Bootes ›Komandir Korablya‹, seines Politoffiziers ›Samestitel Kommandira po politicheskoy Chasti‹ und des Leitenden Ingenieurs ›Komandir BCH-V‹ sind in engen Doppelkammern untergebracht gewesen. Teilweise liegen die Kammern dicht bei den Gefechtsabschnitten, deren Kommandeure die Offiziere sind.

Bei den Mannschaften sah es ähnlich aus. Im vorderen und im achteren Torpedoraum waren die Kojen der Mannschaftsdienstgrade. Da in Wachen gefahren wurde, reichte quasi die Hälfte der Kojen aus. Ein potentieller Benutzer war ja immer auf Wache in seiner Gefechtsstation. Spezialisten wie Funker, Hydroakustiker, Radarleute, Chiffrierer usw. hatten in ihren Schapps und Gefechtsstationen Einzel- oder Doppelkojen. Sogar im Kreiselkompassraum sind Schlafmöglichkeiten vorhanden.

Die Lebensverhältnisse an Bord

Offiziersmesse, Blick auf den Kommandantenstuhl. Foto: Pestow

Die Verteilung der Schlafstellen war teilweise von Boot zu Boot unterschiedlich. Auf U-461 (›B-124‹) sind die Heckkojen möglicherweise verbesserten Lagergestellen für die 400 mm-Torpedos zum Opfer gefallen.

Eine Kombüse versorgte die Mannschaft mit Essen. Gekocht wurde das klassische herbe Flottenessen der sowjetischen Seekriegsflotte. Auf dem Essenplan standen so u.a. ›Borshch‹ (Rote-Beete-Suppe), ›Shchi‹ (Gemüsegericht), Geflügel, Reis, Fisch und natürlich Backpflaumen zum Nachtisch. Nach Aussagen des anfangs genannten Leitenden Ingenieurs der Russischen Marine ist das Essen von beständig guter Qualität gewesen – besser als die Verpflegung an Land.

Da die Kombüse ungefähr im Mittelteil des Bootes liegt, konnten von hier aus die jeweiligen Backschafter (an Land würde man Kellner sagen) die Offiziers- und die Unteroffiziersmessen sowie die einzelnen Backs (Tisch/Tischgemeinschaft für das gemeinsame Essen) vorn und achtern bedienen.
Bei der Enge des Hauptverkehrsganges ist das sicher nicht ohne Komplikationen abgelaufen, insbesondere bei Überwasserfahrt.

Der Proviant wurde in verschiedenen Lasten (Stauräumen) auf dem Schiff verteilt.
Eine Kühllast befindet sich, gut gesichert und versteckt, in der untersten Decksebene in Abteilung IV.

Die Offiziere nahmen das Essen gemeinsam in der Offiziersmesse (Abteilung II an Steuerbordseite) ein. Trotz der Enge konnte man recht gemütlich sitzen. Zwei Ein- und Ausgänge sorgten dafür, dass sich das Gedränge bei plötzlichen Alarmsituationen in Grenzen hielt. Auch die Backschafter hatten dadurch mehr Bewegungsfreiheit beim Auf- und Abbacken (Tischdecken und -abräumen) der Mahlzeiten. Eine kleine Pantry (Anrichte) für die Teezubereitung liegt an der Vorderseite der Offiziersmesse.

Der Platz des Kommandanten befand sich an der hinteren Stirnseite der Back (Tisch). Zu seiner Rechten saß der Politoffizier, an der linken Seite der Leitende Ingenieur. Es folgen die weiteren Offiziersdienstgrade.
Die Fähnriche und Unteroffiziere besaßen eine eigene Messe ein Deck tiefer. Ebenfalls recht großzügig ausgestattet und mit einer kleinen Pantry versehen, wurde hier das Essen eingenommen.

Auf die Zigarette nach dem Essen mussten die Raucher verzichten. Auf dem gesamten Boot herrschte striktes Rauchverbot. Nur mit Erlaubnis des Kommandanten und wenn es die Lage gestattete, konnten die Seelords bei Überwasserfahrt auf dem Turm oder auf Oberdeck eine ›Avrora‹ oder ›Belomor-Kanal‹ inhalieren[16]. Da aber vielfach im Regime ›RDP‹ (Schnorchelfahrt) gefahren wurde, gab es keine Raucherpause.

Die Verrichtung der Notdurft gestaltete sich – wie auf einem U-Boot nicht anders zu erwarten – nicht ganz unproblematisch. An Bord befinden sich zwei Toiletten innerhalb des Druckkörpers und eine außerhalb. Für den Maschinen- und Torpedobereich liegt ein Klo achtern in Abteilung VIII, ein weiteres in der zweiten Decksebene unterhalb der Zentrale (Abteilung IV), ein Drittes lag weiter vorn in Abteilung III. Dieses ist aber später dem Einbau eines Handfeuerwaffenhellegats zum Opfer gefallen. Die technische Ausführung ist – entgegen anderen landläufigen russischen Konstruktionen in diesem Bereich – überraschend ›normal‹, bis auf die notwendigen U-Bootspezifischen Bedienelemente. Nach Benutzung verschwand die Spülung im Fäkalientank und ist von dort mit einer speziellen Einrichtung, genannt ›DUK‹, außenbords gedrückt worden (siehe auch Abschnitt Ausrüstung). Diese funktionierte bis zu einer Tiefe von 200 m.

16 Die genannten Zigarettenmarken werden ohne Filter geraucht. Beide sind relativ kurz und stark, die Wirkung auf den ›Erstnutzer‹ ist entsprechend hart. Es sei erinnert an einen Filmausschnitt aus dem Hollywood-Streifen ›Jagd auf Roter Oktober‹, in dem der dortige LI (Leitende Ingenieur) dem an Bord kommenden CIA-Mann Jack Ryan eine derartige Zigarette anbot. Dieser kippte nach einem Zug fast um...

Zentrale – 3. Decksebene. Pumpen und Bedienelemente im ›Keller‹ der Zentraleabteilung.
Links zu erkennen der Eingang zur Verpflegungslast.

Derartig komplizierte Mechanismen waren für die vierte ›Einrichtung‹ nicht notwendig: der Brückenlokus für die Turmmannschaft. Dieser liegt – gut hinter den Ausfahreinrichtungen versteckt – im Turm an Backbordseite innen. Diese klassische Form einer Notdurfteinrichtung mit Seewasserspülung hat keine Brille, dafür zwei Fußrasten. Man kann sich gut vorstellen, dass bei Benutzung ab und an ein Brecher den ›Achtersteven‹ des Benutzers umspülte, doch den wahren U-Boot-Seebären störte das sicher nicht. Er zog die Hose hoch, spuckte in die See und ging gelassen wieder auf seine Gefechtsstation.

Der Außenlokus für die Turmmannschaft – mit ›Seewasserspülung‹.

Waschgelegenheiten sind dagegen rar. Außer bei den Innentoiletten (mit Handwaschbecken) gab es für die Mannschaften kaum eine Möglichkeit, sich im Seebetrieb zu waschen.
Um so überraschender ist die Tatsache, dass an Bord eine Duschkabine vorhanden ist.
In Abteilung II hinter den Offizierskammern ist ein Waschbecken auszumachen. Da es recht weit außen am Druckkörper liegt, konnte es nur mit gekrümmtem Rücken benutzt werden. Die Warteschlange war dadurch sicher sehr kurz.
Während der Liegezeit im Stützpunkt wurde die Besatzung auf einem Wohnschiff untergebracht.

Für die medizinische Versorgung von Unfällen gab es in Abteilung II in der zweiten Decksebene einen Behandlungsraum. Im Notfall war die Lagerung und Bettung von Verletzten oder Verunfallten auch in der Unteroffiziersmesse möglich.

Die Besatzungen der in der Nordflotte dienenden JULIETTs sind von den dortigen Atom-U-Bootsleuten immer etwas bedauert worden. Der relativ ›cleane‹ Zustand und die beinahe Hemdsärmel-Atmosphäre in den Nuklearbooten unterschied sich gravierend von den Arbeits- und Lebensbedingungen auf den großen 651ern. Die Seeleute kamen nach einem Törn letztlich ölverschmiert, nach Diesel riechend und erschöpft aus den Luken.

Hecktorpedoraum – Die Toilette in einer Nische an Backbordseite (vor der Restaurierung).

Der Bugtorpedoraum mit Klappkojen. Er diente auch zur Unterbringung von Teilen der Besatzung.

Schiffsrundgang

Über den vorderen Eingang gelangt man in das Innere des Bootes. Gleich vor dem Niedergang in den Torpedoraum ist oberhalb des Druckkörpers der Ausklapp- und Steuermechanismus der vorderen Tiefenruder zu erkennen.

Hüllkörper, Bug.
Drehhebel mit Durchführungen durch den Druckkörper zum Ausfahren und Steuern der vorderen Tiefenruder.

Diese sind im Seebetrieb ausgefahren und sorgen – wie Flügel – für das Höher- und Tiefergehen des U-Bootes bei Tauchfahrt.
Weiter geht es den Niedergang hinunter durch eine herausgebrannte Öffnung im Druckkörper. Vorsicht ist geboten, geht es doch gut zwei Meter nach unten. Angekommen in der ersten Decksebene eröffnet sich ein Blick auf die vorderen sechs Torpedorohre.

Bugtorpedoraum – Blick zwischen die 533 mm-Bugtorpedorohre.
Zu erkennen ist der E-Motor für den vorderen Spill, der auch als Ankerspill verwendet wird.

Hüllkörper, Bug.
Kopfteil des Klapp- und Schwenkmechanismus zum Ausfahren und Steuern der vorderen Tiefenruder.
Die horizontal beweglichen Ruderschäfte sind in die Drehklauen eingerastet.

Wir befinden uns nun in Abteilung I des vordersten Raumes innerhalb des Druckkörpers. Man kann sich kaum vorstellen, dass neben den Gerätschaften für den Torpedoschuss und den U-Boottypischen Bedienelementen Kojen und Staufächer für einen Teil der Mannschaft vorhanden waren.
Eine verwirrende Vielzahl von Handrädern und Ventilen dienten als Haupt- und Reservebedienung für unterschiedliche Systeme.

Oben sind zwei Hydraulikzylinder angeordnet, die für die Steuerung und das Ausklappen der Tiefenruder zuständig zeichnen.

Ebenfalls oben, aber im hinteren Teil der Abteilung, ist eine der Notausstiegsluken mit Gummi- bzw. Segeltuchschürze zu sehen (für die Luftfalle beim Ausstieg aus der gefluteten Abteilung). Unterhalb der Abteilung I stehen in einem Geräteraum Anlagenteile der hydroakustischen Ortungsanlagen und die Bug-Ballastwassertanks.

Bugtorpedoraum – Schottdurchgang zwischen Abteilung I und II. Oben zu ist die geschlossene Innenluke des Notausstieges zu sehen.

Vor dem Niedergang zum zweiten Deck ragt ein Zylinder von oben in den Raum.
Dieses ist der Hebezylinder für den vorderen Raketencontainer.

Geht man den Niedergang hinunter (Achtung!, ein Rohr quert den Gangbereich in Augenhöhe), gelangt man in den Bereich der Unteroffiziersmesse und der Sanitätsräume.
In einem der Räume steht ein Teil der Kurzwellen-Funkanlage.

Beim weiteren Rundgang geht es durch das hintere Schott in die Abteilung II. Hier sind in der ersten Decksebene ein Teil der Offizierskammern (sechs Offiziere in drei Doppelkammern), die Offiziersmesse und die Offizierspantry untergebracht.
Die Offiziersmesse strahlt die herbe Gemütlichkeit aus, wie sie auf U-Booten jener Zeit zu finden waren. In einer kleinen Pantry (Anrichte) konnte Tee zubereitet werden.

Gerät zum flammenlosen Verbrennen von Wasserstoff. Diese sind überall im Boot vorhanden, da Wasserstoff aus den Akkumulatoren austreten und mit Luftsauerstoff ein explosives Gemisch bilden kann.

Hauptverkehrsgang 1. Decksebene – Offizierskammern (rechts) und die Offiziersmesse (links). In Gangmitte der Hydraulikzylinder für den vorderen Raketencontainer.

Weiter geht es in Richtung Heck in die Abteilung III. Nach dem Schott sind Elektroschaltgeräte und das Handfeuerwaffenhellegatt zu sehen.

Bugtorpedoraum – Blick nach achtern auf die Vierer-Ventilgruppe für Hochdruck-Preßluft 200 kg/cm² und die Havarie-Hochdruckventile zum Ausblasen der vorderen Haupt-Ballastwasserzellen.

Unterteil der Antenne der Feuerleitanlage ›Argument‹ mit Handrad. Rechts die Kommandantenkammer.

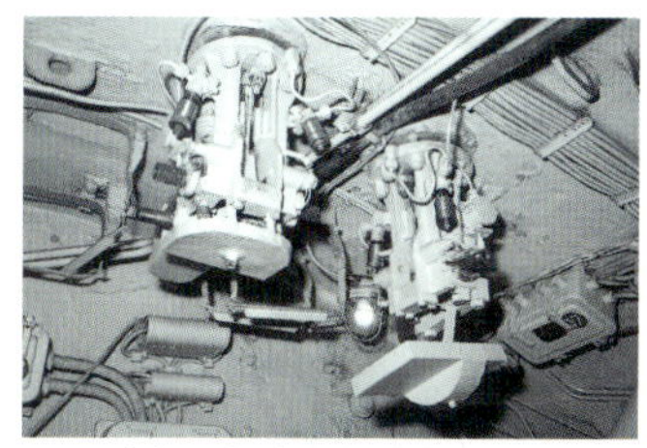

Zwei elektro-hydraulisch betriebene Tankventile.

An der Backbordseite befindet sich die Kommandantenkammer, ihr gegenüber die Kammer des Politoffiziers. In der Mitte der Abteilung ist die Antennen-Dreheinrichtung der Raketen-Leitanlage ›Argument‹ zu sehen. Ein Handrad dient der mechanischen Drehung der Antenne in der Reserve- und Notfallvariante.

Geräteabteilung – 2. Decksebene. Zentrales Steuer- und Sichtgerät der Raketen-Feuerleitanlage ›Argument‹.

Im hinteren Teil an Backbordseite gibt es noch eine weitere Kammer für zwei Fähnriche. Vor der Dreheinrichtung der ›Argument‹ gelangt man über eine Luke ein Deck tiefer in den Bereich der Gefechtsstationen der Feuerleitanlage und der Datenübertragungsanlagen. Diese nimmt den gesamten Raumkomplex ein. In Querrichtung, fast von Bordseite zu Bordseite, saßen vier Mann an Sichtgeräten, die jeweils die Flugdaten einer der vier Raketen darstellten.

Ein zentrales Gerät diente der Koordinierung eingehender Flugdaten mit den Zielangaben des Fühlungshalters.

Desweiteren befindet sich hier ein Notschaltaggregat für die Akkumulatoren. Der gesamte Deckbereich ist einer der engsten an Bord. Die Wege zu den Gefechtsstationen sind sehr schmal, ein schnelles Bewegen ist kaum möglich.

In einem separaten Raum befinden sich Funksendeanlagen. Die Vermutung liegt nahe, dass über diese Geräte die Nachrichtenverbindung zum Zielzuweisungsflugzeug gehalten wurde.

Geräteabteilung – Das Handfeuerwaffenhellegatt, Blick nach innen.

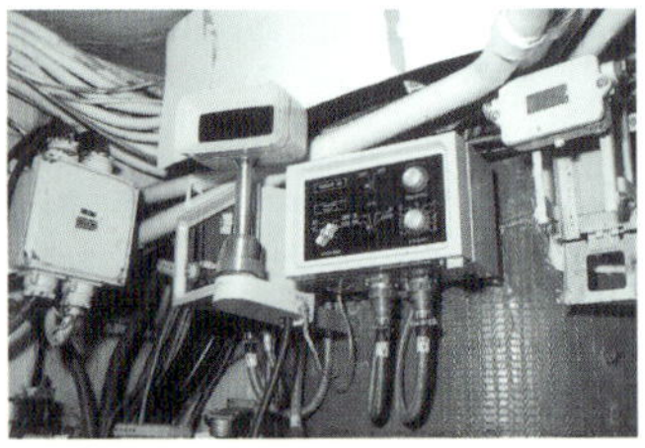

Anzeigegerät des Echolotes (Navigationskomplex).

Kommunikationsterminal – Hier stand der Kommandant des Bootes.

In Abteilung IV – in der ersten Decksebene – ist die Zentrale untergebracht. Hier im Hauptbefehlsstand des U-Bootes befindet sich der Fahrstand, die Bedienung der Tiefenruder und des Seitenruders sowie der Befehlsstand für den Torpedooffizier mit den Schussrechnern.

Desweiteren sind hier an Backbordseite die einzelnen Schapps der Navigatoren, der Hydroakustiker (mit den Sicht- und Bedienungsgeräten der aktiven und passiven hydroakustischen Anlagen) und der Radar-Leute untergebracht.

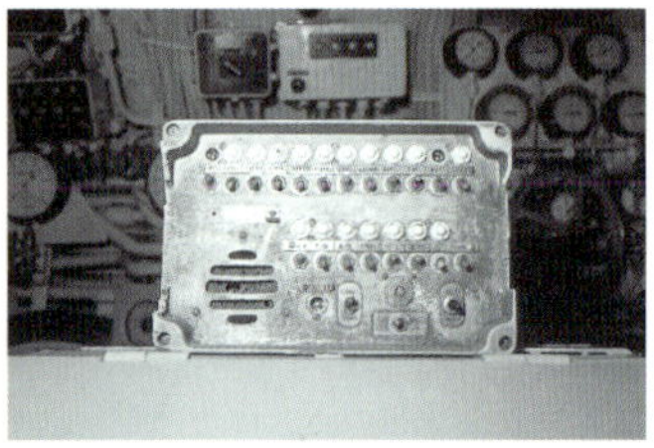

Bediengerät der Bordkommandoanlage ›Kashtan‹ des Kommandanten.

Der Fahrstand mit der Seiten- und der Tiefenruderbedienung an Steuerbordseite.

Zentrale – 3. Decksebene. Hydraulik- und Druckluftaggregate im untersten Zentraleraum.
Der Hydraulikbooster zum beschleunigten Aufrichten der Raketencontainer.

Zentrale – 2. Decksebene. Kreiselkompassraum mit Kreisel- und Steuergeräten.

Die Backbordseite der Außenbrücke.

Ein verwirrendes Ventilsystem mit Handrädern dient der Bedienung des Flut- und Lenzsystems der einzelnen Tauchtanks und Ballastwasserzellen (auf deutschen WKII-U-Booten auch sinnreich ›Tannenbaum‹ genannt).
Ein Teil der ausfahrbaren Geräte ist in dieser Abteilung zu sehen.

Sehr beeindruckend ist die Ausfahreinrichtung der Radarantenne der Anlage ›RLK-101‹. Eine Mannluke im achteren Teil der Abteilung führt in den Kreiselkompass- und Geräteraum.
In dieser Decksebene ist auch der Funkraum und der Chiffrierraum untergebracht.

Turmfahrstand – Seilzugsystem zum Heben und Senken des Ausfahrgerätes für das elektro-optische Astronavigationssystem ›Lira-P‹.

Noch ein Deck tiefer befindet sich – neben anderen technischen Einrichtungen – eine der Verpflegungslasten.
In diesem gekühltem Lagerraum wurde die Verpflegung gelagert – letztlich gut ›bewacht‹ durch die diensthabende Zentralewache.

Im vorderen Teil der Zentrale befindet sich die Leiter für den Aufstieg in den Turmfahrstand. Während des Tauch- und Auftauchmanövers befand sich der Kommandant im Turmfahrstand.
Neben dem normalen Periskop ›PSNG-8M‹ standen ihm das Astronavigations- und Sichtgerät ›Lira-P‹ zur Verfügung. Ansonsten ist die Einrichtung zweckdienlich und karg. Die Seilzüge für beide Ausfahrgeräte nehmen einen erheblichen Platz im Turm ein.

Noch weiter nach oben kletternd gelangt man auf die innere Turmplattform. Von hier aus gelangt man nach achtern zu den Ausfahrgeräten und durch ein Turmschott auf das Oberdeck.

Geht man in gebückter Haltung dagegen in Richtung Bug, befindet man sich nach wenigen Metern an einem Zugang zur Antenne des Raketen-Leitsystems ›Argument‹.
An der Backbordseite des Innenturmes ist das ›Stehklo‹ mit Fußrasten und Seewasserspülung untergebracht – recht eng und zugig.

Noch weiter nach oben führt eine Leiter zur Außenbrücke. Im Gegensatz zur massigen Turmkonstruktion ist die Außenbrücke sehr klein und eng.

Außer einer Kreiselkompasstochter, einigen Schalthebeln (Typhon, Signal- und Sprechanlagen) und harten Sitzgelegenheiten ist in diesem Bereich kaum etwas bemerkenswertes zu erwähnen.

Man kann sich gut vorstellen, dass bei Gefechtsalarm die Turmmannschaft schnellstmöglich zur Luke eilte, um sich dann durch den Turm in die Zentrale fallen zu lassen.

Zentrale – Der Gefechtsstand für die Hochdruck-Ausblasventile. Jedem Ventil ist eine Tauchzelle zugeordnet.

Der Weg geht weiter durch das Schott zwischen den Sektionen in die Abteilung V.
Hier im Kontrollraum ist die Kombüse, die Dusche und die Kammer des Leitenden Ingenieurs untergebracht.

Weiterhin befinden sich hier Schaltanlagen für die E-Maschinen und die Akkumulatoren. Unterhalb des ersten Decks sind (waren) in zwei Ebenen die Mittschiffs-Akkumulatorensegmente gestaut. Über eine spezielle Ladeluke konnten die einzelnen Akkumulatorenelemente aus dem Bootskörper hinausgehievt oder wieder hineingefiert werden.

Kabelbahnen und Luftleitungen – kein Platz bleibt ungenutzt.

Blick in eine Nische an Backbordseite mit Hand-E-Schaltern.

Steuerbord-Fahrstand für die E-Maschinen mit Haupt-Schalttafel für die Einspeisung aus den vorderen Akkumulatorengruppen.

Kontrollraum – Kontrollpult für E-Schaltgeräte (Akkumulatorenzuschaltung).

In der folgenden Abteilung VI befindet sich der Maschinenraum. Die Oberteile von zwei Haupt-Dieselmaschinen und einem Hilfsdiesel mit den entsprechenden Steuer- und Leitständen sind hier zu sehen.
Die Maschinenanlage einschließlich Tagesverbrauchstanks reicht bis in die unterste Decksebene hinab.

Dieselmaschinenraum – Blick auf das Kopfteil der Backbord-Hauptmaschine.

Dieselmaschinenraum – Vertiefter Fahrstand für die Steuerbord-Dieselmaschine.

Elektromagnetische Fernsteuerungen der Hydraulikantriebe für die Haupt-Luftschlagklappen der Dieselmaschinen.

Dieselmaschinenraum – Fahrstand für die Hilfs-Dieselmaschine.

Oberhalb der Maschinen sind die Zuluft- und Abgasführungen für den Normal- und den Schnorchelbetrieb angeordnet.
Mit entsprechend großen Ventil-Handrädern konnte der jeweils gewünschte Schaltzustand hergestellt werden. In der Mitte der Abteilung ragt der Hebezylinder für den achteren Raketenstarter in den Raum hinein.

Die Kältemaschine an Backbordseite achtern.

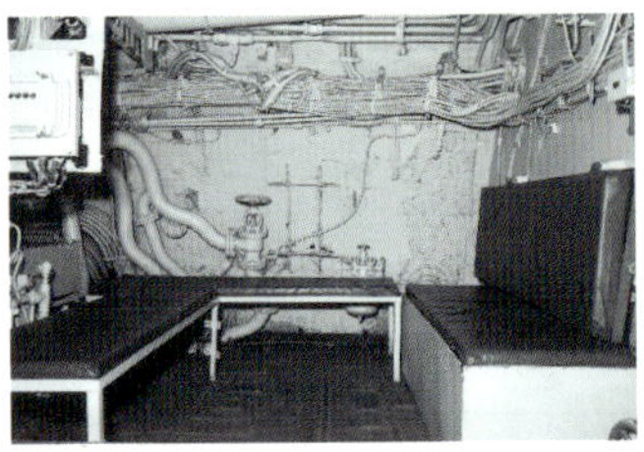

E-Maschinenraum – an Steuerbordseite achtern befindet sich diese Sitzecke.

Steuerbord-Fahrstand und Überwachungspult für die E-Maschinen.

2. Decksebene – Blick auf die Schottwand zwischen Abteilung VII und VI. Rechts und links die beiden E-Hauptfahrmotoren.

In der Abteilung VII – dem E-Maschinenraum – sind unterhalb der Flurplatten die Haupt-E-Maschinen untergebracht.
Im vorderen Teil der oberen Decksebene stehen die Fahrstände für die Fahrmotore, die Akkumulatorengruppen und die Elektroanlagen. Bedien- und Steuereinrichtungen folgen jeweils an Steuerbord- und Backbordseite.

Die Schalttafel für die Zuschaltung der einzelnen Landanschlusskabel ist hier untergebracht. Im hinteren Teil der Abteilung steht die Kältemaschine. An der gegenüberliegenden Seite befindet sich ein Leerraum mit Sitzgelegenheiten. Abgebrannte Fundamente und Stützen deuten darauf hin, dass hier früher Anlagen standen, die später ausgebaut wurden.
Durch das Schott geht es in die letzte Abteilung, den Hecktorpedoraum in der Abteilung VIII. Gleich an Backbordseite kann der Besucher einem Blick in die Hecktoilette werfen.

Oben angeordnet ist eine Notausstiegsluke und der E-Motor für den Spill. Hinter Schaltschränken an der Steuerbordseite verbirgt sich der Reservesteuerstand für die achteren Tiefenruder und das Seitenruder.
An der Backbordseite ragt ein röhrenförmiges Gerät in den Raum hinein, welches dem funkelektronischen Kampf (›ECM‹) diente – eine Ausstoßeinrichtung für hydroakustische Täuschkörper. Im deutschen Sprachgebrauch auch als ›BOLD‹ bezeichnet – in Anlehnung an ähnliche Geräte auf deutschen WK-II-Booten.

Weiter achtern sind die Lagergestelle für die 400 mm-Reservetorpedos zu sehen. Auf der Gleitschiene befindet sich ein Übungstorpedo. Reservetorpedos konnten in alle vier Rohre nachgeladen werden. Da es sich hier um U-Jagd-Torpedos handelte, lässt sich hieraus die Priorität der U-Bootabwehr ableiten.

Den in der Mitte des Raumes angeordneten Niedergang (Treppe) hinaufgehend, gelangt man in den Bereich zwischen Druckkörper und Hüllkörper. Dieser ist – wie im Bugbereich – so hoch, dass man aufrecht stehen kann.

Hecktorpedoraum – 2. Decksebene. Blick auf die Steuerbord-Wellendurchführung des Druckkörpers (Stopfbuchse) und die Wellenbremse.

Hier lagen, mit Stahlbändern gezurrt, die Hochdruck-Pressluftflaschen. Eine dieser Flaschenbatterien ist noch im ursprünglichen Zustand belassen worden.

Um die Verkleidung des Notausstieges herumgehend, sind auf dem Druckkörper mehrere Durchführungen zu erkennen. Das sind die Landanschlussstutzen.
Diese verlaufen im Innern des Bootes (in der Abteilung VI) über die Landanschlussschalttafel und die einzelnen Hand-Schaltschütze zu den unterschiedlichen Akkumulatorengruppen. Die Aufladung der Akkus erfolgte auf diese Weise auch von außen.

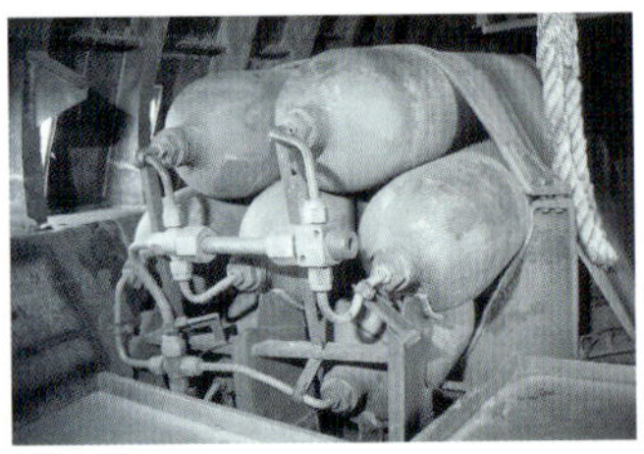

Im Hüllkörper (Heck), Backbordseite – festgezurrte Luftflaschen für Druckluft 200 kg/cm².

Hecktorpedoraum – 2. Decksebene. Schleichfahrt-E-Maschine Steuerbordseite.

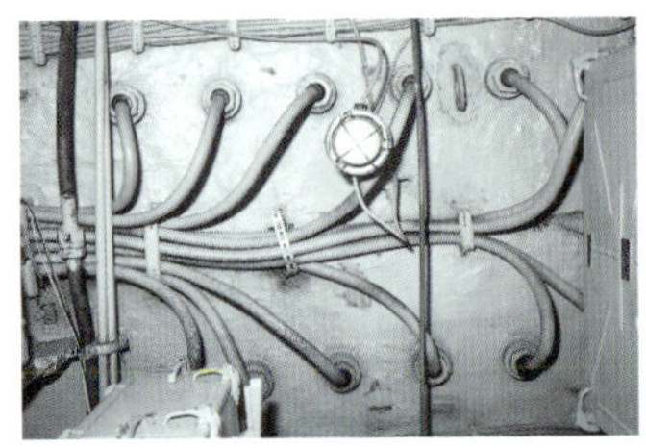

E-Maschinenraum – Druckkörper-Kabeldurchführungen der Landanschluss- und Akkumulatoren-Ladekabel.

Im Hüllkörper (Heck) – Blick auf den Zwischenteil des achteren Notausstieges und die Spillstange, die zum Oberdeck führt.

Über den hinteren Ausgang verlassen wir das U-Boot.

Hecktorpedoraum – vier Torpedorohre vom Kaliber 400 mm. Oben rechts ein Übungstorpedo im Lagergestell.

Tabelle der taktisch-technischen Daten

Tabelle der taktisch-technischen Daten

(u.a. aus: ›Sowjetische U-Boote – Nachkriegsbauten‹, Shirokorad, Moskau 1997)

1. Schiffbaudaten

Wasserverdrängung in t (bei Seewasserdichte 1,017 t/m³)		
Normalverdrängung in Überwasserlage	[t]	3.228
Verdrängung mit erweitertem Treibstoffvorrat	[t]	3.698
Maximale Verdrängung, getaucht	[t]	3.950
Maximale Verdrängung, getaucht mit hydroakustischer Schutzschicht ca. 124 t und Anti-Radar-Beschichtung ca. 50 t bis 80 t (anfangs nur einige Boote)	[t]	4.207
Wasserverdrängung in t (Zustand nach Außerdienststellung und Ausbau der Akkus)		
Nach Anlage zum Vertrag 148/8/14 ›SZGW‹; U-461 in Liepája	[t]	1.890
Wasserverdrängung in m³ (Angaben in m³ aus o.g. Quelle)		
Normalverdrängung in Überwasserlage	[m³]	3.174
Verdrängung mit erweitertem Treibstoffvorrat	[m³]	3.636
Maximale Verdrängung, getaucht	[m³]	3.884
Maximale Verdrängung, getaucht mit hydroakustischer Schutzschicht ca. 124 t und Anti-Radar-Beschichtung ca. 50 t bis 80 t (anfangs nur einige Boote)	[m³]	4.137
Länge ü.A.	[m]	85,90
Breite ü.A.	[m]	9,70
Tiefgang, mittlerer	[m]	6,92
Reserveschwimmfähigkeit in % von der normalen Wasserverdrängung	[%]	31,6
Reserveschwimmfähigkeit in % von 3636 t Wasserverdrängung	[%]	17,1
Periskoptauchtiefe	[m]	9,00
Arbeitstauchtiefe	[m]	240
Grenztauchtiefe (maximale Tauchtiefe)	[m]	300
Testtauchtiefe	[m]	400
Zerstörungstiefe des Druckkörper	[m]	600
Tauchzeit bei vorher gefluteter Schnelltauch-Ballastwasserzelle	[s]	80
Ausblaszeit der Hauptballastwasserzellen aus der Periskoplage:		
mit Hochdruck-Preßluft	[min]	0,5
mit Niederdruck-Preßluft bei ausgeblasenen Mittschiffs-Ballastwasserzellen	[min]	10
Anfangsmetazentrische Höhe, in Überwasserlage	[m]	0,61
Anfangsmetazentrische Höhe, in Unterwasserlage	[m]	0,36

2. Taktische Daten

Besatzungsstärke, je nach Boot und Aufgabe	[Mann]	78-82
Offiziere, einschließlich Politoffizier	[Mann]	12
Unteroffiziere und Fähnriche	[Mann]	16
Mannschaftsdienstgrade, je nach Boot und Aufgabe	[Mann]	50-54
Autonomie	[Tage]	90
Ununterbrochene Tauchdauer (mit Anwendung aller Mittel der [Luft]-Regeneration)	[Std.]	800
Leistungen bei Überwasserfahrt:		
Maximale Überwassergeschwindigkeit mit voller Treibstoffzuladung	[kn]	15,9
Maximale Reichweite mit voller Treibstoffzuladung	[sm]	7.730
Fahrtbereich bei 7 kn-Schnorchelfahrt und voller Treibstoffzuladung (670 t)	[sm]	18.000
Maximale Unterwassergeschwindigkeit bei Schnorchelfahrt mit Dieselmotoren	[kn]	10
Leistungen bei Tauchfahrt mit E-Maschinen und Silber-Zink-Akkumulatoren:		
Maximale Unterwassergeschwindigkeit	[kn]	18
Fahrtbereich bei maximaler Unterwassergeschwindigkeit	[sm]	27,5

Fahrtbereich bei 2,74 kn ökonomischer Unterwassergeschwindigkeit	[sm]	810
Leistungen bei Tauchfahrt mit E-Maschinen und Blei-Akkumulatoren:		
Maximale Unterwassergeschwindigkeit	[kn]	14,5
Fahrtbereich bei maximaler Unterwassergeschwindigkeit	[sm]	14,5
Fahrtbereich bei 2,8 kn ökonomischer Unterwassergeschwindigkeit	[sm]	350
Drehkreisdurchmesser:		
über Wasser bei 35° Ruderlage	[in Bootslängen]	6
unter Wasser bei 35° Ruderlage	[in Bootslängen]	5

3. Antriebs- und Energieanlage

Hauptmaschine Dieselmotor Typ ›1D43‹ mit je 4000 PS	[Stk.]	2
Haupt-E-Maschinen Typ ›PG-141‹ mit je 6000 PS (bei Silber-Zink-Akkus)	[Stk.]	2
E-Maschinen für Schleichfahrt Typ ›PG-140‹ mit 200 PS (projektiert), vorgesehen bzw. eingebaut z.T. Maschinen mit 500 PS	[Stk.]	2
Dieselgenerator 1000 kW mit 700 U/min mit Dieselmotor ›1DL42‹	[Stk.]	1
Silber-Zink-Akkumulatoren Typ ›30/3‹ mit 152 Elementen in einer Gruppe *)	[Gruppen]	4
Blei-Akkumulatoren Typ ›60SM-P‹ mit 112 Elementen in einer Gruppe *)	[Gruppen]	4
Zeit für die vollständige Entladung der Akkumulatoren bei 17,5 kn Unterwasserfahrt	[min]	95

4. Raketenbewaffnung

Raketencontainer, aufrichtbar	[Stk.]	2x2
Aufrichtwinkel	[°]	+15
Aufrichtzeit	[s]	110
Öffnungszeit der Containerklappen	[s]	17
Flugkörper ›P-5 oder ›P-6‹, später einige Boote ›P-35‹, ein Boot ›P-500‹	[Stk.]	4
Drehungswinkel nach dem Start des Flugkörpers ›P-6‹	[°]	±45
Zeit für den Start einer Rakete	[min/s]	4/25
Zeit für den Start der zweiten Rakete	[s]	nach 10
Zeit für die Startvorbereitung und den Start einer Rakete ›P-5‹, aufgetaucht	[min]	80
Startbedingungen:		
Fahrtgeschwindigkeit des U-Bootes	[kn]	4,3-8,0
Seegang	[See]	bis 4
Feuerleitanlagen und Lenksysteme:		
erst für Raketen ›P-5‹: СЕВЕР-А651У ›Sever-A651U‹	[Stk.]	1
später für Raketen ›P-6‹: АРГУМЕНТ ›Argument‹	[Stk.]	1
Zielzuweisungsanlage für ›P-6‹: УСПЕХ-У ›Uspekh-U‹	[Stk.]	1

5. Torpedobewaffnung

Bugtorpedorohre Kaliber 533 mm	[Stk.]	6
Hecktorpedorohre Kaliber 400 mm	[Stk.]	4
Reservetorpedos Kaliber 400 mm	[Stk.]	8
Maximale Einsatztiefe der Bugtorpedorohre	[m]	bis 100
Maximale Einsatztiefe der Hecktorpedorohre	[m]	bis 250

*) Die Silber-Zink-Akkumulatoren kamen nur bei den ersten drei Booten der Serie zu Anwendung. Sie sind danach gegen Blei-Akkumulatoren ausgetauscht worden.

6. Navigation, Radar, Sonar, funktechnische Mittel

Navigationsgeräte		
Navigationskomplex СИЛА-Н-651 ›Sila-N-651‹	[Stk.]	1
Elektro-Optisches Astronavigationssystem (ASTRONAV) ЛИРА-П ›Lira-P‹	[Stk.]	1
Funkpeilgerät ›ARP-53‹ mit Zusatzgerät ›KI-55‹	[Stk.]	1
Automatischer Koppeltisch ›AP-5‹	[Stk.]	1
Sichtgerät РУМБ ›Rumb‹ für Decca-Hyperbelkette БРАС-ГАЛС ›Bras-Gals‹	[Stk.]	1
Echo-Eispeiler ›EL-1‹	[Stk.]	1
Periskop ›PSNA-10‹, Angriffssehrohr	[Stk.]	1
Periskop ›PSNG-8M‹, Astro-Navigationssehrohr	[Stk.]	1
Radarausrüstung		
Passives Funkortungsgerät ›KPF-1‹	[Stk.]	1
Passives Schiffs-Funkortungsgerät ›KPI-3M‹	[Stk.]	1
Radar zur Ortung von Überwasserzielen ›RLK-101‹	[Stk.]	1
Passive Radarortungs- und Aufklärungsanlage НАКАТ ›Nakat‹, später Einbau der Versuchsanlage МРПЦ-2 ›MRPZ-2‹	[Stk.]	1
Freund-Feind-Kennungsanlage НИХРОМ-М ›Nichrom-M‹	[Stk.]	1
Hydroakustik		
Hydroakustische Anlage МГ-200 АРКТИКА-М ›MG-200 Arktika-M‹	[Stk.]	1
Passive hydroakustische Anlage ›MG-10‹ – Geräuschpeiler	[Stk.]	1
Unterwassertelefonieanlage ›MG-25‹	[Stk.]	1
Passive Ortungs- und Aufklärungsanlage МГ-13 ПЛУТОНИЙ ›MG-13 Plutoniy‹	[Stk.]	1
Anlage zur Messung der Unterwasserschallgeschwindigkeit БЕРЕСТА ›Beresta‹	[Stk.]	1
Funkanlage		
Kurzwellensender ›R-651‹	[Stk.]	1
Kurzwellensender ›R-657‹	[Stk.]	1
UKW-Sende-Empfangsgerät ›R-609M‹	[Stk.]	1
Funkempfänger ОНИКС ›Oniks‹	[Stk.]	1
Funkempfänger ›R-676‹	[Stk.]	1
Schnellzeichengeber ›R-785‹	[Stk.]	1
Endgerät ›R-080‹	[Stk.]	1
Aufklärungsempfänger (Teil des Funkempfängers ›R-676‹, Nachrüstung)	[Stk.]	1
Aufklärungsempfänger ВОЛНА-К ›Volna-K‹ (Nachrüstung)	[Stk.]	1
Aufklärungsempfänger ›R-309‹ (Nachrüstung)	[Stk.]	1
Bordkommandogeräte КАШТАН ›Kashtan‹ und ФРЕГАТ ›Fregat‹	[Stk.]	1

7. Vorräte

Normaler Treibstoffvorrat	[t]	282
Volle Treibstoffzuladung mit erweitertem Treibstoffvorrat	[t]	670
Schmierölvorrat	[t]	46
Frischwasser	[t]	44
destilliertes Wasser	[t]	2,06
Hochdruck-Preßluft mit 200 kg/cm^2	[m^3]	37,8
Proviant	[t]	17,4

Oberdeck – Kreiselkompasstochter auf dem Turm-Außenfahrstand.

Anmerkungen

Die übersetzten russischen Bezeichnungen entsprechen dem in der NATO verwendeten angelsächsischen Transliterationssystem. Eine Ausnahme bilden in der deutschen Sprache gebräuchliche Bezeichnungen und Personennamen, z.B. Sowjetunion, Bolschewiki, Gorbatschow u.a.

Bei den verwendeten Schiffs-, Boots- und Technikbezeichnungen wird zuerst (wenn bekannt) der russische Name in deutsch angegeben. In Klammern steht die NATO-Designation und NATO-Bezeichnung, z.B.: Projekt 949 ›GRANIT‹ (SSGN OSCAR-I-Klasse).
Sind weitere Bezeichnungen oder Klassisfikationssysteme bekannt, werden diese mit eingefügt, z.B.: Atom-U-Bootskreuzer 1. Ranges Projekt 949 ›GRANIT‹ (SSGN OSCAR-I-Klasse).

Namen sind in folgender Syntax angegeben:

Schiffsklassen:	Grossbuchstaben ohne Anführungszeichen; z.B. JULIETT-Klasse
Schiffe/Boote:	Grossbuchstaben mit Anführungszeichen; z.B. ›KOMSOMOLETS‹
Geräte/Technik:	normale Schreibweise mit Anführungszeichen; z.B. ›Front Door‹, hinter den Originalnamen oder Bezeichnungen steht der NATO-Name in Klammern (›Front Door‹).

Die Begriffe Rakete, Flügelrakete, Flugkörper (FK), Marschflugkörper bezeichnen einen Raketentyp, der eine oberflächennahe Flugbahn verwendet und im Gegensatz zu den ballistischen Raketen nicht senkrecht startet.

Besonderen Dank richtet der Autor an

Herrn Werner Globke, Bonn (Herausgeber von Weyers Flottentaschenbuch),
für die Unterstützung beim Kapitel ›Basierung und Verteilung‹ sowie für Bilder.
Herrn Dipl.-Ing. Hartmut Ehlers, Hamburg (Schiffbauingenieur),
für die sehr detaillierte Schilderung der Dislozierung der Schiffe und U-Boote in ›Liepája‹ während seines Besuches in diesem Hafen sowie für die Überlassung von Bildern und Dokumentkopien.
Herrn Kapitän zur See a. D. Walter Jablonsky, St. Augustin-Menden
(Dienst in und für die U-Bootswaffe der Bundesmarine und Tätigkeit in nationalen und internationalen Führungsstäben), für die kritische Stellungnahme zum Manuskript.

Bildnachweis

Sammlung Autor, Goessgen, Mehl, Burmeister, Globke, Ehlers, Höfs,
CD-ROM ›Combat Fleets of the World 1998-1999‹, U.S. Naval Institute, Annapolis MD,
Internet (Stand 11/1999), u.a.: www.navy.ru; www.warships1.com; submarine.id.ru;
www.geocities.com/CapeCanaveral/Campus/4413/index.htm;
www.infoart.ru/history/navy/index.htm; www.ship.unibel.by/;
www.matrix.crosswinds.net/~xpicship/album_r.htm;
www.fegi.ru/PRIMORYE/flot/index.htm; www.flot.tsi.ru/index.html

Aleksandr Borisovitch Shirokorad: ›Sowjetische U-Boote – Nachkriegsbauten‹, Moskau 1997
Aleksandr Sergeevitch Pavlov: ›Kriegsschiffe Russlands 1997-1998‹, Yakutsk 1997
Aleksandr Sergeevitch Pavlov: ›Kriegsschiffe der UdSSR und Russlands 1945-1996‹, Yakutsk 1997
V. P. Kuzin, V.I. Nikol'skiy: ›Die sowjetische Seekriegsflotte 1945-1991‹, St. Petersburg 1996
A. Antonov, V. Marinin, N. Valuyev: ›Sowjetisch-Russische Atom-U-Boote‹, Berlin 1998
S. S. Berezhnoy: ›Podvodnye Lodki 1903-1917, Teil 1‹, Kharkov 1996
S. S. Berezhnoy: ›Podvodnye Lodki I-IX-bis seriy, Teil 2‹, Kharkov 1997
S. S. Berezhnoy: ›Schiffe und Hilfsschiffe der Flotte der UdSSR 1917-1927‹, Moskau 1981
S. S. Berezhnoy: ›Schiffe und Hilfsschiffe der Flotte der UdSSR 1928-1945‹, Moskau 1988
Harald Fock: ›Vom Zarenadler zum Roten Stern‹, Herford, Bonn 1985
Harald Fock: ›Flottenchronik‹, Hamburg 1995
René Greger: ›Die Russische Flotte im Ersten Weltkrieg 1914-1918‹
Richard Lakowski: ›U-Boote‹, Berlin 1985
Autorenkollektiv: ›Der Kampfweg der sowjetischen Seekriegsflotte‹, Moskau, Berlin 1978
Autorenkollektiv: ›Heldenschiffe der sowjetischen Seekriegsflotte‹, Volksmarine und Arbeitskreis für Schifffahrts- und Marinegeschichte, 1981
Siegfried Breyer: ›Handbuch der Warschauer Pakt-Flotten‹, Koblenz 1983
Siegfried Breyer: ›Enzyklopädie des sowjetischen Kriegsschiffbaus‹, Band 1, Herford 1987
Siegfried Breyer: ›Enzyklopädie des sowjetischen Kriegsschiffbaus‹, Band 2, Herford 1987
Siegfried Breyer: ›Enzyklopädie des sowjetischen Kriegsschiffbaus‹, Band 3, Herford 1987
Wilfried Kopenhagen: ›Die V1 und ihre sowjetischen Kinder‹, Waffen-Arsenal Special Band 24, Podzun-Pallas-Verlag, Wölfersheim-Berstadt 1999
Wilfried Kopenhagen: ›Schiff Profile 4 – Atom-U-Boote der UdSSR und Russlands‹, Flugzeug-Publikations GmbH, Illertissen 1999
Bernhard Ireland, Eric Grove: ›100 Jahre Krieg zur See‹, Stuttgart 1999
›Jane's Fighting Ships 1979-80‹
Alexander Schmidt: ›Geschichte des Balitkums‹, München 1999
Walter Jablonsky: ›Die Entwicklung der maritimen Interessenlage der UdSSR‹, (unveröfftl. Manuskript 1998)

Zeitschrift ›Warship International‹ 03/1995, USA
Zeitschrift ›Wehrtechnik‹ 4/1984
Zeitschrift ›Taifun‹ 3/1998, 1/1999, 4/1999, St. Petersburg, Russland
Zeitschrift ›Marineforum‹, 12/1999, Hamburg
Norddeutsche Neueste Nachrichten 15.11.1999, S. 10

Sammlung Autor: Aufstellung taktischer Zeichen der sowjetischen Marine (um 1965)
Internet: www.navy.ru; www.warships1.com; www.bellona.no/e/russia/nfl/ (der BELLONA-Report über die russische Nordflotte); weitere Marine- und Navy-Pages
CD-ROM ›Combat Fleets of the World 1998-1999‹, U.S. Naval Institute, Annapolis MD

Anhang

Verwendete Abkürzungen
(diese stammen überwiegend aus dem angelsächsischen Bezeichnungssystem für Marinetechnik):

ASTRONAV	Astro Navigation	Astronomische Navigationsanlage
CG	Cruiser Guided Missile	Raketenkreuzer
COM	Communication	Datenübertragung
DDG	Destroyer Guided Missile	Raketenzerstörer
ECM	Electronic Countermeasure	elektronische Abwehrmaßnahme
EWS	Electronic Warfare System	System der elektronischen Kampfführung
GIUK	Greenland-Iceland-United Kingdom	Überwachungsbereich der NATO-Seestreitkräfte auf der Linie Grönland-Island-Großbritannien
ICBM	Inter Continental Ballistic Missile	ballistische Interkontinentalrakete
IFF	Intelligence Friend Foe	Freund-Feind-Kennungssystem
MC	Missile Control	Flugkörper-Leitanlage
NAV	Navigation	Navigationsanlage
SACLANT	Supreme Allied Commander Atlantic	Oberkommandierender der NATO-Atlantikstreitkräfte
S/NAV	Surface Search/Navigation	Seeraumbeobachtung und Navigation
SS	Submarine	U-Boot, dieselgetrieben (Torpedo-U-Boote)
SS-N-...	Surface to Surface – Naval (Missile)	NATO-Bezeichnungssystem für sowjetische Marineraketen Typ ›Boden-Boden‹ (›Schiff-Schiff‹ oder ›Schiff-Land‹) – mit lfd. Nr.
SSB	Submarine Ballistic Missile	U-Boot, dieselgetrieben mit ballistischen Raketen
SSBN	Submarine Ballistic Missile Nuclear Propulsition	U-Boot, nukleargetrieben mit ballistischen Raketen
SSC	Submarine, Coastal	U-Boot für den küstennahen Einsatz
SSG	Submarine Guided Missile	U-Boot, dieselgetrieben mit Flügelraketen
SSGN	Submarine Guided Missile Nuclear Propulsition	U-Boot, nukleargetrieben mit Flügelraketen
SSN	Submarine Nuclear Propulsition	U-Boot, nukleargetrieben
SSQ	Submarine Command	U-Boot, Kommandoboot
SSR	Submarine Radar Picket	U-Boot, Radaraufklärung/Fühlungshalter
SST	Submarine Training	U-Boot zur Ausbildung
USN	United States Navy	Marine der Vereinigten Staaten
USS	United States Ship	Kriegsschiff der Vereinigten Staaten

Auswahl russischer Bezeichnungen von Schiffsklassen

Kürzel	Bezeichnung russisch	Bezeichnung deutsch
БПК	БОЛЬШОЙ ПРОТИВОЛОДОЧНЫЙ КОРАБЛЬ	Großes U-Boot-Abwehrschiff
БПЛ	БОЛЬШАЯ ПОДВОДНАЯ ЛОДКА	U-Boot, dieselgetrieben, groß
БРК	БОЛЬШОЙ РАКЕТНЫЙ КОРАБЛЬ	Großes Raketenschiff (Raketenzerstörer)
МПЛ	МАЛАЯ ПОДВОДНАЯ ЛОДКА	Küsten-U-Boot
ПЛА	АТОМНАЯ ПОДВОДНАЯ ЛОДКА	U-Boot, nukleargetrieben
ПЛАП	АТОМНАЯ ПРОТИВОЛОДОЧНАЯ ПЛ	U-Boot, nukleargetrieben, U-Jagd-U-Boot
ПЛАРБ	АТОМНАЯ ПЛ С БАЛЛИСТИЧЕСКИМИ РАКЕТАМИ	U-Boot, nukleargetrieben, strategisches
ПЛАРК	АТОМНАЯ ПЛ С КРЫЛЯТЫМИ РАКЕТАМИ	U-Boot, nukleargetrieben mit Flügelraketen
ПЛД	ДИЗЕЛЬНАЯ ПОДВОДНАЯ ЛОДКА	U-Boot, dieselgetrieben
ПЛП	ПРОТИВОЛОДОЧНАЯ ПОДВОДНАЯ ЛОДКА	U-Jagd-U-Boot
ПЛПБ	БОЛЬШАЯ ПРОТИВОЛОДОЧНАЯ ПЛ ПОДВОДНАЯ ЛОДКА	U-Jagd-U-Boot, groß
ПЛПС	СРЕДНЯЯ ПРОТИВОЛОДОЧНАЯ ПЛ ПОДВОДНАЯ ЛОДКА	U-Jagd-U-Boot, mittleres
ПЛРББ	ДИЗЕЛЬНАЯ ПЛ С БАЛЛИСТИЧЕСКИМИ РАКЕТАМИ	U-Boot, dieselgetr. mit ballistischen Raketen
ПЛРБК	ДИЗЕЛЬНАЯ ПЛ С КРЫЛЯТИМИ РАКЕТАМИ	U-Boot, dieselgetrieben mit Flügelraketen, groß
ПЛРК	СРЕДНЯЯ ДИЗЕЛЬНАЯ ПЛ С КРЫЛЯТЫМИ РАКЕТАМИ	U-Boot, dieselgetrieben mit Flügelraketen, mittel
ПЛРЛД	СРЕДНЯЯ ПЛ РЛС ДОЗОРА	U-Boot, Radaraufklärung
ПЛС	СПАСАТЕЛЬНАЯ ПОДВОДНАЯ ЛОДКА	Rettungs-U-Boot
РЗКП	ПОДВОДНАЯ ЛОДКА АТОМНАЯ РАЗВЕДКИ	U-Boot, nukleargetrieben, Aufklärung
РКР	РАКЕТНЫЙ КРЕЙСЕР	Raketenkreuzer
СМПЛ	СВЕРХМАЛАЯ ПОДВОДНАЯ ЛОДКА	Kleinst-U-Boot

Antennen und Geräte im Turmbereich

Antennen und Geräte im Turmbereich

1. Feuerleitanlage für Raketen ›P-6‹ ›Argument‹ (MC ›Front Door‹)
2. Zielzuweisungs-Radaranlage für Raketen ›P-6‹ ›Uspekh-U‹ (MC ›Front Piece‹)
3. Antenne des elektro-optischen Astronavigationssystems ›Lira-P‹ (S/NAV, ASTRONAV ›GOLF BALL‹)
4. Außenfahrstand
5. Kreiselkompasstochter mit Abdeckung
6. Sehrohr ›PSNG-8M‹
7. Flaggstock
8. Rundumsicht-Radar (eingefahren) ›RLK-101‹ (S/NAV ›Snoob Slab‹)
9. Luftansaugteil der Schnorchelanlage
10. Peilrahmenantenne ›Ramka‹ der Station ›ARP-53‹ (NAV ›Quad Loop‹)
11. Antenne ›Wan‹, vermutlich für Freund-Feind-Kennungssystem (IFF)
12. Radaraufklärungsanlage ›Nakat‹ (ECM ›Stop Light‹)
13. Navigationssehrohr ›PSNA-10‹
14. Nach hinten klappbare Funkantenne ›Topol'‹ (COM ›SHUT GUN‹)
15. Abgasaustritt der Schnorchelanlage
16. Hecklicht

JULIETT U461

Maritim Museum Peenemünde